国防科技图书出版基金

舰基图像处理技术
原理与应用

Principle and Application of Ship – Image Processing

杨常青　王孝通　高占胜　金良安　著

国防工业出版社

·北京·

图书在版编目(CIP)数据

舰基图像处理技术原理与应用/杨常青等著. —北京：
国防工业出版社,2015.5
ISBN 978 - 7 - 118 - 10131 - 7

Ⅰ.①舰… Ⅱ.①杨… Ⅲ.①船舶航行—图像处理
Ⅳ.①TN911.73

中国版本图书馆 CIP 数据核字(2015)第 074994 号

※

国防工业出版社出版发行

（北京市海淀区紫竹院南路 23 号　邮政编码 100048）
北京嘉恒彩色印刷有限责任公司
新华书店经售

*

开本 710×1000　1/16　印张 14　字数 275 千字
2015 年 5 月第 1 版第 1 次印刷　印数 1—2000 册　定价 68.00 元

（本书如有印装错误,我社负责调换）

国防书店：(010)88540777　　发行邮购：(010)88540776
发行传真：(010)88540755　　发行业务：(010)88540717

致 读 者

本书由国防科技图书出版基金资助出版。

国防科技图书出版工作是国防科技事业的一个重要方面。优秀的国防科技图书既是国防科技成果的一部分,又是国防科技水平的重要标志。为了促进国防科技和武器装备建设事业的发展,加强社会主义物质文明和精神文明建设,培养优秀科技人才,确保国防科技优秀图书的出版,原国防科工委于1988年初决定每年拨出专款,设立国防科技图书出版基金,成立评审委员会,扶持、审定出版国防科技优秀图书。

国防科技图书出版基金资助的对象是:

1. 在国防科学技术领域中,学术水平高,内容有创见,在学科上居领先地位的基础科学理论图书;在工程技术理论方面有突破的应用科学专著。

2. 学术思想新颖,内容具体、实用,对国防科技和武器装备发展具有较大推动作用的专著;密切结合国防现代化和武器装备现代化需要的高新技术内容的专著。

3. 有重要发展前景和有重大开拓使用价值,密切结合国防现代化和武器装备现代化需要的新工艺、新材料内容的专著。

4. 填补目前我国科技领域空白并具有军事应用前景的薄弱学科和边缘学科的科技图书。

国防科技图书出版基金评审委员会在总装备部的领导下开展工作,负责掌握出版基金的使用方向,评审受理的图书选题,决定资助的图书选题和资助金额,以及决定中断或取消资助等。经评审给予资助的图书,由总装备部国防工业出版社列选出版。

国防科技事业已经取得了举世瞩目的成就。国防科技图书承担着记载和弘扬这些成就,积累和传播科技知识的使命。在改革开放的新形势下,原国防科工委率先设立出版基金,扶持出版科技图书,这是一项具有深远意义的创举。此举势必促使国防科技图书的出版随着国防科技事业的发展更加兴旺。

设立出版基金是一件新生事物,是对出版工作的一项改革。因而,评审工作需要不断地摸索、认真地总结和及时地改进，这样，才能使有限的基金发挥出巨大的效能。评审工作更需要国防科技和武器装备建设战线广大科技工作者、专家、教授，以及社会各界朋友的热情支持。

让我们携起手来，为祖国昌盛、科技腾飞、出版繁荣而共同奋斗！

国防科技图书出版基金
评审委员会

前　言

随着科技的不断发展,现代舰船已大量加载了各类光电成像设备,主要用于舰船的观测、导航、监控甚至武器的制导,但由于舰船环境所限,诸如振动(动力、武器发射)、海雾等干扰,会导致成像图像视觉质量下降,所以,研究如何提高舰基图像(海上舰船获取的图像)质量,增强图像的可用性,并从舰基图像中解算出所需的各类舰船要素,是当前国内外相关军事科研领域的重点,同时也是难点。

本书从海上舰基图像处理技术这一应用领域出发,围绕舰船光电成像系统图像处理技术原理以及技术应用两个方面,进行深入研究,内容涵盖了舰基图像的特征单位构造方法、海天线检测技术、多参量运动估计方法,以及舰基图像的海雾消除技术、舰船要素解算技术、电子稳像技术等。研究内容是著者在舰基图像技术领域多年科研积累基础之上完成的,是对该技术前期开创性研究成果的系统梳理和总结。本书的出版将有利于进一步推动舰基图像技术的高效率发展,尽快促使其向部队战斗力的转化。

本书共分为7章。第1章是绪论;第2章是舰基图像特征单元构造,是舰基图像处理的理论基础;第3章是舰基图像海天线检测技术;第4章是舰基图像多参量运动估计;第5章是舰基图像海雾消除技术;第6章是舰基图像舰船要素解算;第7章是舰基图像电子稳像技术。

本书特点是系统性强,内容紧密结合工程实际,实用性强。

由于作者水平有限,书中难免存在不妥之处,敬请读者批评指正。

本书得到大连舰艇学院"2110工程"三期建设基金资助。

著　者

2015 年 1 月于大连

目　　录

Contents

第 1 章 绪 论

第1章 绪 论

1.1 军事价值

  随着光学技术的不断发展,舰船已广泛装备各类光电成像设备,例如电视海面侦察系统、全景数字方位系统、红外光电警戒系统、武器光电跟踪系统、数字潜望系统等,如图 1 – 1 所示。但由于使用环境所限,诸如振动、海雾等干扰,会导致监视器图像视觉质量明显下降,如图 1 – 2 所示。所以,基于海上图像(舰基图像)的低劣质量,研究包括海天线检测技术、多参量运动估计技术、海雾消除技术、舰船要素估计以及电子稳像技术在内的舰基图像处理技术,对于增强舰船光电成像系统的实用性具有重要的意义和军事价值。

图 1 – 1 舰船光电成像系统

(a)

(b)　　　　　　　　　　　　　(c)

图 1-2　噪声及环境因素对光电成像系统的影响

(a) 噪声干扰；(b) 雾天影响；(c) 船体摇晃。

1.1.1　海天检测技术

海天背景下舰船红外及可见光波段目标识别技术有着重要而广泛的军事运用，例如侦察搜索系统(无人机、侦察机等)、反舰系统等，它是红外搜索、制导系统的关键技术，多年来一直是领域内重点研究课题。

其技术难点在于成像传感器受到舰船载体振荡、摇晃以及海面潮湿大气等因素影响，给舰基图像的目标检测带来诸多干扰，难以快速、准确判别、提取目标的大小、形状或者纹理等特征。

因此，综合分析舰船海天背景图像特征、确定图像海天线位置是提高复杂海空背景下舰基图像目标自动检测效果的首要、关键技术，对于区分海面与天空背景要素，实现舰船目标自动提取，有着重要的意义。

1.1.2 运动估计技术

全局运动估计作为动态序列图像处理的基础性工作,一直是人们研究的重点,同时也是难点。对于舰基图像而言,由于海上环境本身具有的特性,舰载光电成像系统的成像传感器以及系统载体存在诸多的运动模式,例如左右摇摆、上下颠簸以及多方向上的旋转等,这些运动映射到成像平面之后,就体现为图像内容的平移(水平、垂直)、旋转、缩放等多个参量的变化。所以,根据系统的运行特点,以及对目标探测的技术要求,可以将舰基图像的运动估计分成两类求解。首先,基于两轴平移加上缩放的三参量变换模型是一种非常重要的运动状态,它不但简化了系统参数的解算维数,还能够保证在通常状况下参数估计结果的准确性[1]。

再者,由于舰船载体因素,旋转变换也是重要的运动方式之一,它真实地存在于舰船光电成像系统之中,如摇摆、翻滚以及载体旋转等,这些运动都会带来传感器成像的角度变化。所以,在三参量运动估计模型的基础上,研究包含旋转变换的四参量运动模型,对于实现电子稳像等相关舰基图像处理技术同样有着重要的理论意义和实际价值。

1.1.3 海雾消除技术

我国沿海海域是多雾区域,很多海区年平均雾日都在 20 天以上,如表 1-1 所示,在东海的乌丘屿至东引岛一带甚至达到 120～130 天。海雾是一种对舰船海上航行构成严重威胁的天气现象,据统计,海雾等低能见度情况引发舰艇碰撞事故占事故总数的 60%～70%。在我国,海雾造成的海军舰艇事故南起琼州海峡北至旅顺均有发生。

表 1-1 我国主要海区年平均雾日情况一览表

海 区	年平均雾日/天
粤东海区	21
粤中海区	13
粤西海区	21～9
上海浙江海区	25.1
北部湾	20.3
琼州海峡	29.2
东海北部海区	40～60

（续）

海　　区	年平均雾日/天
福建、台湾海峡附近海区	31.7
渤海	20～30
黄海北部、南部	30～50
黄海中部	50～80

为了消除海雾对舰船航行安全影响，现代舰船普遍安装了无线电探测设备，但由于海雾对声光无线电波具有吸收和散射作用，所以雷达等设备的使用效果受到了明显限制。近年来，许多舰船逐渐装备光学成像系统以便辅助导航，这种光学成像系统可以直观、实时、全面地反映航行中舰船周围海域的情况，具有频带宽、抗电磁干扰能力强等特点。但在浓雾天气条件下，成像系统同样难以获取清晰、实用的图像视频信息，因此，研究如何消除海雾，提高成像质量，以便利用光学影像系统辅助雾中航行，则有着十分重要的军事价值和意义。

1.1.4　舰船要素解算

舰船（运动、位置）要素通常包括推进性、惯性、旋回性以及舰船位置信息等，它们对于舰船的航行安全有着重要意义。目前，一般采用传统的方法对它们进行测量：推进性测量依赖于沿海测速场，惯性测量凭目力观测木块，旋回性测量采用叠标水平角法[2]等。由于它们均须在专用的航行区域内才能进行测量，并且对场地有着较高的要求，如必须要有开阔的水域和适当的水深，潮汐、海流、风浪也必须在一定的范围内。而我国拥有的测速场自然条件并不优越，水深普遍偏浅，受潮流的影响普遍偏大，对测量的精度和具体实施过程都有诸多不利的影响。同时，由于沿海开发的不断深入，使得测速区的可航水域越来越小，而舰船大型化的趋势又使得测速区水深越来越不能满足测量要求，特别是已成为当前主流的新型全封闭舰艇，更是使得本来就十分烦琐的传统测量方法组织实施起来难度更大。

为此，近来曾有报道提出采用 DGPS 定位信息进行测定的方法[3]，虽然可在一定程度上弥补传统方法的某些不足，但由于其自身也存在着种种缺陷（如定位的精度难以得到保证，而在战争等特定时期，受制于人的 GPS 极可能无法再为我所用等），显然我们不能完全依赖这一方法。因此，寻求舰船（运动、位置）要素的新型测量方法，对于摆脱环境依赖，增强军事行动自主性，有着积极的促进作用。

1.1.5　电子稳像技术

目前,我海军舰艇装备有大量的光电成像系统,由于使用环境的特殊性,成像系统的载体姿态经常发生变化或振动,导致监视器图像抖动,变得模糊不清,大大降低了图像质量,使观察者产生疲劳感,进而产生误判或漏判,甚至漏警和虚警。因而,需采取一定的稳像措施,以消除载体运动对图像质量的影响,提高装备系统的使用性能。

在现有成像系统中,有的采用了机械式稳定平台,有的采用了光学式稳定平台,根据部队实际调研和研究发现,现有的机械或光学式稳像只能消除由于舰船摇摆等运动引起的低频晃动,而无法解决由舰船动力装置、武器发射以及海浪撞击等振动引起的系统成像的高频抖动。电子稳像是应用数字图像处理技术来直接确定图像序列的帧间偏移并进行补偿的技术,是一种软实现方法。与传统的光学稳像、机电结合的稳像方法相比,电子稳像具有易于操作、更精确、更灵活、体积小以及价格低、能耗小、高智能化等特点,它不仅可以稳定光学系统的移动,也可以对目标进行跟踪,可能补偿任何形式的作用量,且不依赖于任何的支撑体系。

因而,研究开发低成本、微体积、高精度的稳像装置,对于提高武器战术水平,有着重要的经济意义和军事价值。

1.2　舰基图像技术基础

1.2.1　多维运动估计

1. 常用几何变换模型

目前,常用于序列图像全局运动参数求取的模型主要有平移变换模型、刚性变换模型以及仿射变换模型等。

(1) 平移变换:是指图像内容只发生像面内的整体平移,而没有旋转以及比例尺变化上的变化(图 1-3),映射函数表达式如下:

$$\begin{pmatrix} x_2 \\ y_2 \end{pmatrix} = \begin{pmatrix} t_x \\ t_y \end{pmatrix} + \begin{pmatrix} x_1 \\ y_1 \end{pmatrix} \tag{1-1}$$

式中　(x_1, y_1)——原来的坐标;

(x_2, y_2)——变换后的坐标;

t_x 和 t_y——分别为 x 方向和 y 方向的平移量。

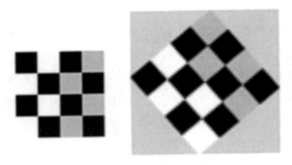

图 1 – 3　刚性变换模型图示

（2）刚性变换：是指图像中的目标在变换中能维持相对的形状和大小，包括平移、旋转和比例尺变化，映射函数表达式如下：

$$\begin{pmatrix} x_2 \\ y_2 \end{pmatrix} = \begin{pmatrix} t_x \\ t_y \end{pmatrix} + S \cdot \begin{pmatrix} \cos\theta & -\sin\theta \\ \sin\theta & \cos\theta \end{pmatrix} \begin{pmatrix} x_1 \\ y_1 \end{pmatrix} \tag{1-2}$$

式中　(x_1, y_1)——原来的坐标；

$\quad\quad\quad (x_2, y_2)$——变换后的坐标；

$\quad\quad\quad t_x$ 和 t_y——分别为 x 方向和 y 方向的平移量；

$\quad\quad\quad \theta$——逆时针方向的旋转角度；

$\quad\quad\quad S$——比例尺因子。

（3）仿射变换：是比刚性变换更一般化的变换，能容忍更复杂的畸变类型。它是线性的坐标变换，能描述图 1 – 4 给出的所有畸变情况，函数表达式如下：

$$\begin{pmatrix} x_2 \\ y_2 \end{pmatrix} = \begin{pmatrix} a_{13} \\ a_{23} \end{pmatrix} + \begin{pmatrix} a_{11} & a_{12} \\ a_{21} & a_{22} \end{pmatrix} \begin{pmatrix} x_1 \\ y_1 \end{pmatrix} \tag{1-3}$$

图 1 – 4　仿射变换模型图示

其中,矩阵 $\begin{pmatrix} a_{11} & a_{12} \\ a_{21} & a_{22} \end{pmatrix}$ 可以表示旋转、伸缩和切变。x 和 y 轴方向的伸缩可以表示为 $\begin{pmatrix} S_x & 0 \\ 0 & S_y \end{pmatrix}$,而 x 和 y 方向的切变因子分别为 $\begin{pmatrix} 1 & a \\ 0 & 1 \end{pmatrix}$ 和 $\begin{pmatrix} 1 & 0 \\ b & 1 \end{pmatrix}$,其中 S_x、S_y、a、b 是相应的变换参数。

2. 基于像素灰度的方法

1）块匹配法

图像块匹配是一种传统的经典运动估计方法,由于它使用图像的整体信息进行相关运算,所以,无论图像的纹理信息是否丰富,都可以被应用到任何种类的图像类型,而且,块匹配方法对于随机噪声具有很好的鲁棒性,准确度很高[4]。到目前为止,用作运动估计最成功的算法应该是块匹配算法(BMA),BMA 算法已经广泛应用于各种视频编码,如 ITU - T H. 261、H. 263、MPEG - 1、MPEG - 2 以及 MPEG - 4[5]。

根据搜索策略的不同,BMA 的性能也会不同。其中,全局搜索(FS)是一种最简单同时也是最优的块匹配算法[6],但因为这种方法要进行全局搜索,所以大量的运算限制了算法的实时性应用。为了改善 FS 的缺陷,人们提出了许多新的搜索策略,如二维对数搜索(LOGS)[7]、三步搜索(3SS)[8]、新三步搜索(N3SS)[9]、四步搜索(4SS)[10]、基于块的梯度下降搜索(BBGDS)[11]以及金刚石搜索(DS)[12,13]等方法。

搜索技术又依赖于误差函数[14-19]。误差函数是从像素块的差别到实数的一个映射,用来衡量任意两个块之间的差别或相似程度。误差函数返回的值越小,两像素块彼此越相似。误差函数对运动估计复杂度的影响很大。函数越复杂搜索越慢,因此,精确度与时间之间是一种平衡。常用的误差函数主要有均方差(MSD 或 MSE)、平均绝对值(MAD)、互相关函数(CCF)、像素差别分类(PD)。虽然 MSD 要求对搜索范围内的每一宏块的每一像素都作乘法,复杂度较高,但由于它可以解释为宏块间的欧几里德距离,所以仍常常用到。MAD 误差函数的优点是简单,在硬件上比较容易实现,但它可能会导致快速搜索算法收敛较慢,甚至给出与 MSD 不同的结果。同时,为了使块匹配方法具有更好的应用特性,减少运算量,降低算法复杂度,多种改进方案被提出,如位平面法[20]、灰度位平面法[21]以及 SAM(Selected Area Matching)方法[22]。其中,SAM 方法不仅能降低算法的复杂度,而且可以减少甚至消除前景局部运动对背景全局运动估计的影响。

然而,由于图像块自身的特点,也决定了它只能处理具有平移变换的二维运动。所以,研究其他适用于复杂变换的运动估计方法具有重要的意义。

2)光流法

光流场解算技术是一种重要的全局运动估计方法[23]。由于光流法具有只依赖于图像灰度值的变化,不需要进行图像间的匹配等优点,成为研究的一个重要方向。目前,基于梯度的光流场计算方法大致有 4 个研究方向[24]:①研究解决光流场计算不适定问题的方法;②研究光流场计算基本等式的不连续性;③研究直线和曲线的光流场计算技术;④由光流场重建物体 3D 运动和结构的研究。

(1)光流场计算不适定问题。各国的研究者均在探索求解该不适定问题的方法,其间出现了许多克服不适定问题的算法,例如,Horn 等人依据同一运动物体引起的光流场应该是连续的、平滑的,即同一物体上相邻点的速度是相似的,那么其投影到图像上的光流变化也应该是平滑的这一特点,提出了一种利用加在光流场上的附加约束,即整体平滑约束来将光流场的计算问题转化为一个变分问题。Nagel 考虑到基本等式本身,由于在该点灰度场的梯度方向上已对光流场有了约束,因而提出附加的光滑性约束应使光流场在沿着其梯度的垂直方向上的变化率最小,据此导出了一种新的迭代算法[25]。

(2)光流场计算基本公式的不连续性。由于在光流场计算基本公式的导出过程中,应用了泰勒级数展开,因此实际隐含着认为灰度变化以及速度场的变化都是连续的。但在实际情况中,图像中的灰度变化以及速度场都可能出现不连续,例如,景物中各个独立的表面就使光流的速度场成为非连续的。光流场计算基本公式在出现这种不连续时,是否仍然成立是一个值得讨论的问题。

这方面研究具有代表性的是由日本学者 Mukawa 提出的方法[26]。Mukawa 考虑到光流场计算基本等式应用了泰勒级数展开,但由于实际上是不连续的,故引入一个修正因子 q。该修正因子 q 可以由物体的运动和投影模型求出,这样就可以较好地解决光流场计算基本等式的不连续问题。

通常情况下,由于灰度变化以及速度场的变化都是不连续的,因而应用光流场计算基本等式,理论上只能求解灰度变化小于 1 个像素的连续两帧图像。为了求得大位移情况下的光流场,Alvarez 等人对光流场计算基本等式进行了如下 3 方面的改进[27]:①避免由不同图像中灰度和亮度条件引起的矛盾;②用一个逐步精确的线性刻度,以避免其收敛于不相关的局部最小值;③建立一个能量函数,并使其成为线性亮度变化下的不变量。经过改进,该方法可以计算超过 10

个像素的位移,且效果极佳,准确率几乎达到 100%。

（3）直线和曲线的光流场计算技术。光流场计算作为计算机视觉的重要组成部分,其主要作用是作为中间介质用于重建三维物体的运动和结构。为了重建三维物体的运动和结构,把光流场用单个像素点解算显然不合适。一般来说,抽象层次的提高(例如将点级别提高到线级别),将更有利于进行图像处理和分析[28],对于光流场计算也是如此。如 Allmen 用时空表面流和时空流曲线来计算光流场[29]。计算时,Allmen 把时空表面流定义成时空表面上光流的自然延伸,并认为当轮廓线运动时,它们在投影平面上的投影也随之运动。由于这些投影扫过时空表面,因此这些表面就是物体运动的直接表示。

（4）由光流场重建物体 3D 运动和结构的研究。

三维场景中一个刚体上的 6 个运动参数是相同的,如果能得到来自刚体不同部分的光流信息,就可以利用这些光流信息同时估算出运动的 6 个参数[86]。其中,最具代表性的研究是 Adiv 提出的全局光流技术[87]。Adiv 把整个分析过程分为如下两大步:首先将得到的光流场分成若干区域,每个区域对应空间一个平面的运动;其后,将分割出的彼此连接部分进一步编组,使其对应单个的刚体目标,并进而通过假设,估算出三维运动的参数与结构。Srinivasan 把三维物体结构恢复的研究大大推进了,他用一种称之为"快速误差搜索技术"的方法[88]来建立一个包含旋转和深度信息等未知量的线性方程组,但首先不去求解该方程组的解,而去求得方程组的最小二乘误差;然后用求得的误差来构造一个误差平面,从而得到三维物体的结构。Srinivasan 不仅从理论上证明了该方法的正确性,而且通过一系列实验证明了该方法的有效性和计算的高效性。

3）灰度投影法

灰度投影法因其原理简单、计算效率高、实时性好等特点,在工程应用方面得到了人们深入研究[30-33]。

赵红颖等通过分析几种较为复杂的动态图像获取图像运动特点,并采用相应的预处理方法使此算法能准确处理图像,拓宽了灰度投影算法的适用范围[30];孙辉等提出一种用于检测图像运动矢量的高分辨率灰度投影算法[31];周渝斌等为了减少计算量,提出了一种单向的投影矢量方法[32];钟平等为了补偿旋转运动,采用仿射变换模型把参考帧和当前帧分成若干个子块,利用灰度投影算法计算出局部运动矢量,然后使用能量最小化方法,由求出的有效局部运动矢量确定仿射变换模型参数,通过对当前帧进行仿射变换,即可实现对图像平移和旋转的补偿[33]。

3. 基于空域特征的方法

由于点、线等特征不但包含了丰富的图像信息，而且具有抗噪能力强、运算量较低等特点，成为人们研究的重点。

1）基于点特征的图像匹配

虽然基于点特征的匹配技术起步较晚，但其良好的结构特性和应用前景，促使人们进行了广泛深入的研究，并出现了许多新的算法。这些算法在结构模式上有很大的相似性，一般遵循以下几个步骤：

（1）提取特征点。

（2）选择特征点的邻域，计算特征描述。

（3）通过相似性度量得到特征点间的潜在匹配。

（4）通过几何限制拒绝错误匹配。

（5）由估计出的基本矩阵，得到图像上其他点的对应。

张正友等[34]在1995年提出基于极线约束的匹配方法，首先使用传统方法提取图像中的角点（Corner），以固定大小的窗口选取角点的邻域，用互相关建立起始匹配集，通过鲁棒性估计基本矩阵恢复极线几何，最后利用该极线约束对初始匹配集进行筛选，得到可靠的匹配集。张正友基于邻域的互相关方法是窄基线匹配中的典型方法，但在宽基线匹配中两幅图像的变形较大时，该类方法不实用。

针对这一弊端，学者们提出不同的改进方法。Pritchett 和 Zisserman[35]等采用两种不同的匹配方法：一方面是用单应矩阵（Homography）取代灰度相似性和极线约束作为匹配准则，该方法假设特征点及其周围的小块邻域是空间中平面的成像，因此匹配点之间应近似满足单应矩阵的关系；另一方面，寻找一种整体相似变换，以使两幅图像在相差一个比例因子的情况下具有最大相关性，估计图像间局部区域的仿射变换，用局部变换寻找匹配点。

鉴于将灰度相似性作为匹配准则的局限性，不少研究者尝试根据特征点的某种不变特性构造不变的"特征向量"以取代传统的灰度相似，该特征向量应能够描述特征点邻域周围的局部信息，并且在特征点改变或光照强度发生变化时应尽量保持不变。Schmid 和 Mohr 等[36]计算特征点的一至三阶偏导，联立作为特征向量，该特征向量在图像平面的旋转和平移变换下保持不变，但对于仿射、射影等更广泛的变换则不能保持不变，而且计算该特征量涉及多尺度下的高斯滤波，计算量较大。

Low[37]提出旋转及缩放不变性的匹配方法。算法的关键是特征点的检测是在尺度空间进行的，而不是在某一特定的尺度下进行的。旋转不变量的取得是通过将图像旋转使图像坐标系与特征区域的梯度方向一致。人们在 Low 的基础上进行了诸多改进[38-40]。

2）曲线相关方法

国内外众多的学者对曲线匹配进行了大量的研究,提出了多种曲线匹配的方法,这些方法各有优缺点。对于复杂程度不同的曲线,应该采用不同的匹配方法。但是各种匹配方法在某些程度上具有很大的相似性,大体上可以分成两种匹配的思路:

（1）提取曲线上的特征点,寻找两者之间对应的特征点。一般的做法是先提取特征点,根据给定的约束条件,进行粗匹配。再用逐步逼近的迭代方法进行相似性的比较。主要存在的问题是特征点的提取,它会使原曲线简化。原曲线和待匹配曲线之间的特征点不一定是一一对应的,难点在于在给定多大的阈值范围之内可认定二者之间的特征点是对应的。这种方法给相似性的求解带来很大的困难。

（2）将曲线匹配问题进行转换,将曲线的匹配问题转化为封闭面的匹配问题。通过面的一些匹配方法,得到相似性的大小,从而实现曲线的匹配。

当然,除了以上两种匹配思路之外,针对不同的应用领域以及应用中不同的匹配精度要求,人们还提出了其他一些曲线匹配方法。较有代表性的分别是:

Schwartz 和 Shair 假设待匹配的子曲线是原曲线的一部分,能完全和原曲线符合,然后设定平移、旋转参数,将待匹配的曲线按参数处理,求二者之间的最小差异[41]。他们在处理中没有考虑比例缩放的因素,比例因子可以通过比例缩放来完成。他们认为曲线匹配的主要问题是找到合理的适当的比例参数,将待匹配的子曲线转化成和原曲线处于同一坐标系下,然后比较它们之间的差异,找出最符合的部分。

Freeman 提出用特征点来描述原曲线和待匹配的曲线,通过计算特征点之间对应的关系,来确定两条曲线是否匹配[42]。这样要求对曲线之间的距离、转角、曲率变化率等多项信息进行综合分类,如果两条曲线匹配,则这些连续的信息必然会有相似性,在一定的误差范围之内具有相似性,可以利用这些相似性,找到对应的转化参数来判断两者之间的相似性。这种方法要求特征点的提取比较准确,特征点之间要有很好的对应关系,适用于特征点明显的曲线部分,对于特征不明显的曲线则不适应。

Arie 提出将曲线简单分段来进行曲线匹配[43]。他提出将曲线按凹凸的拐点分为凹凸的部分。Arie 具体的做法如下:①对曲线做平滑,然后提取曲线的特征点;②根据给定的阈值以及斜率、斜率累计和对曲线进行分段处理,以曲线上任意一点为起点,寻找最远曲线上凹凸的分段点;③提取凹凸点的序列完成曲线匹配。他还提出了部分闭合平坦曲线的匹配问题的处理算法[44]。

Rachid 提出用高曲率点来进行二维的匹配。他主要从二维视觉、三维视觉、高曲率点的提取、斜率方向的倾斜、特征点的对应等几个方面介绍了曲线匹配的过程。他把匹配的过程分为噪声点的剔除、高曲率点的提取、对应点的寻找三个过程,分阶段完成曲线匹配[45]。

John 认为如果两条曲线可以匹配,二者之间必然会有一些相同的特征。John 认为可以利用二者之间相同的特征点属性来判断它们是否相似,可以从两条相似的曲线中间提取出相同的特征点[46]。

Samia 提出轮廓线的匹配方法。他把匹配的过程分成空间边界点的提取、选择相应的支持线(Selection of a Support Line)、提取边界线的序列、确定匹配的边界点(Local Matching of Edgepoints)、匹配等几个过程[47]。

以上各种算法都有许多共同点:需要提取曲线的特征点,寻找对应的特征点,然后按照最小二乘法来求解。这些方法均可以归纳为最小二乘法。

最小二乘法是一种常用的数据处理方法,应用十分广泛。最小二乘匹配算法通过计算两条曲线之间的旋转和平移参数,使两线之间对应点的距离平方和最小。

在两条曲线完全相同的情况下,经过最小二乘匹配的两条曲线应该完全吻合,距离平方和为零。但这只是一种理想的情况,实际应用中,两条曲线并不完全相等,由于噪声等各方面的原因,两者之间往往存有微小的差异[48]。

除了用"距离平方和最小"之外,还有以下两种判断依据:①曲线对应点之间的距离绝对值的和为最小;②曲线对应点的最大间隙绝对值为最小。由于这两种判据实用性差,所以,"距离平方和最小"是人们常用的判断准则。

4. 基于变换域的方法

基于傅里叶变换域的相位相关法是图像块平移估计的成熟算法,R. N. Bracewell 等[49]在研究中发现频谱域中不仅相位与图像位移相关,而且其频谱密度分布与仿射模型的线性项相对应,由此将傅里叶变换域运动估计的适用范围扩展到了仿射模型。

在傅里叶变换域中进行仿射参数估计的优点是通过平动与线性变换两个部分的分离将原始问题降维,从而减少了运算复杂度,同时由于频域相关运算中的归一化处理,频谱域内的估计结果对光照变化不敏感[50],与空间域相比具有更强的鲁棒性。

频域仿射参数估计的难点集中在线性项估计上。De Castro 等将仿射模型简化为由刚体旋转、缩放、平移(水平、垂直)的四参数模式,采用极坐标下的角度搜索方法求解旋转因子[51];B S Reddy 等在 De Castro 的基础上虽然采用频域对数极坐标形式求解运动参数,但计算依然复杂[52]。

S. Erturk 等提出了基于 FFT 的图像对极变换的四参量求解技术[53],该算法可以很好地分解出包括平移、旋转以及缩放在内的四参量,Yosi Keller 等采用伪极坐标快速傅里叶变换(PPFFT)取代(对数)极坐标形式下的离散傅里叶变换(DFT)的求解,提高了算法的精度和效率,改进了算法性能[54]。

1.2.2　图像去雾技术

依据是否依赖大气散射模型,可将现有图像去雾技术方法分为两类:基于物理模型的方法和非物理模型的方法。这种分类的方式也反映了算法的本质区别,即物理模型方法是一种图像复原方法,而非物理模型方法是一种图像增强方法。

1.　基于物理模型的方法

基于物理模型的方法利用大气散射模型,通过求解图像降质过程的逆过程来恢复清晰图像。其目的是使估计图像尽可能逼近真实图像,属于图像复原的范畴。由于大气模型包含三个未知参数,从本质上讲,这是一个病态方程求解问题,不同的方法采用不同的方式近似计算模型中的参数。依据所需要的图像数量,可将基于物理模型的方法分为两大类。一类方法利用同一场景的多幅图像,即不同天气条件下获取的多幅图像,或者不同偏振程度的多幅图像来得到清晰图像;另一类方法试图从单幅图像出发估计景深或景深相关项。在实际应用中,通常难以得到第一类方法所要求的多幅图像,因此,目前的研究热点和难点集中在通过单幅图像数据本身恢复场景信息。

1)估计景深信息

降质图像的场景深度信息是复原雾天图像的一条重要线索。1998 年以来,Oakley[55]等在场景各点深度信息已知的前提下,开展了一些重要的研究工作。他根据大气散射模型,考虑随机因素对成像过程的影响,构造了一个多参数的统计退化模型,并利用图像数据对模型参数进行估计,用于实现对灰度场景图像的复原。通过进一步对图像对比度与波长的关系进行研究,Tan 等将上述模型扩展用于彩色场景的复原[56]。Kopf 等[57]需要已知场景的三维模型来获得景深,虽然不需要预知天气信息,然而,却需要用价格昂贵的雷达或距离传感器等硬件设备获取精确的场景深度信息,因此限制了算法在实际中的应用。

Narasimhan 等进一步提出了一种简单的交互式复原算法[58],通过用户输入附加信息,可以在没有精确的场景深度信息和大气条件信息的情况下对灰度场景图像和彩色场景图像实现复原。该算法的提出为解决雾天降质图像的复原问题提供了一个新思路,具有很好的应用前景。随后,国内也有学者开展了交互式去雾的研究[59]。然而,该算法也存在需要进一步完善的地方,如该算法通过用户指定场景的最大深度以及最小深度后,利用线性插值的方法获得场景各点的深度信息,在某些情况下无法对场景深度突变信息做出反馈。此外,该算法在确定各点的深度信息后,需要用户连续改变大气散射系数来确定一个视觉效果最好的复原结果,过多依赖于人的主观性。

2)基于各种先验假设方法

如前所述,大气散射模型本身是一个病态方程。近几年,众多研究者致力于针对单幅降质图像,利用图像数据本身构造一些约束假设条件,估计模型参数。一般情况下,根据实际情况,定义满足假设条件的目标函数和约束方程(组),使用各种最优化的方法求解模型参数。这方面的早期工作是由 Tan 等人[60]完成的,方法是假设局部区域的环境光为常数,在马尔可夫随机场模型(MRF)的框架下,构造关于边缘强度的代价函数,使用图分割理论来估计最优光照。该算法旨在最大化图像的局部对比度来达到去雾目的。尽管明显地改善了图像的对比度,然而,由于没有从物理模型上恢复真实场景辐射率,恢复后的颜色显得过饱和。Carr[61]利用室外图像越靠上部距离越远这种单调趋势作为软性约束,提出基于图分割理论的 α – expansion 算法来最小化 MRF 图像分割模型建立的能量函数,由此来估计直接散射,从而得到清晰图像。

Oakley[62]假设整幅图像中环境光为常数,像素局部均值和标准差存在比例关系,提出一种统计模型。通过优化全局代价函数,来校正图像的对比度。该算法适用于图像中环境光作用较均匀的情形。

2008 年,Fattal 等[63]通过假设景物辐射(Scene Albedo)和直接散射(Transmission)独立不相关,利用独立成分分析来估计景物的反射率。这种方法本质上是非线性反问题的求解,其性能很大程度上取决于输入图像的统计特性。对于浓雾天气等不满足假设条件的情况,去雾效果一般。

He 等人[64]假设在图像的每个子块中至少一个颜色通道有一些亮度很低的黑点,对于这些黑点来说景物的直接散射值为零,这些黑点在雾天图像颜色的改变都是由雾的作用引起的。根据这一暗原色规律,按照雾气浓度局部修复图像的各部分颜色,就能得到直接散射的粗略估计图,然后借助图像抠图算法(Image Matting)对直接散射进行细化。这种方法取得了较好的去雾效果,但是抠图细化方法的使用并不合理,同时当场景目标的颜色与大气光线颜色相似时,暗原色先验信息也将失效。随后,涌现了一些基于暗原色先验的改进算法[65],算法大多数在细化直接散射边缘的步骤进行了改进和简化,但在暗原色先验失效的浓雾图像处理时仍然效果有限。

Kratz 等人[66]假设景物辐射和景深是统计独立的,并可用正则概率先验对它们建模。场景反照率的梯度建模为幂函数重尾分布先验(Heavy – tail Prior),而景深先验取决于特定场景,根据自然场景特征建模为 δ 分段常值函数或者高斯平滑函数。通过求解一个最大后验概率(MAP)估计问题,从而联合估计出场景反照率和景深。该算法需根据特定图像选取景深先验模型,且根据经验给定先验模型中的参数。

3) 其他方法

另外,Sun 等[67]基于大气散射模型构建泊松方程,尝试将有雾的退化图像看作为前景(雾)和背景(清晰图像)的融合,探讨解决雾天场景复原问题的新途径。Qi 等[68]将等景深位置大气光线和平滑变化的大气光线看作雾天图像的低频部分,通过高斯滤波估计直接散射,然后通过改进的物理模型将图像分窗(Nested Windows)来提高目标可见度。还有一些值得注意的图像复原方法将大气散射模型与偏微分方程理论、分形理论相结合[69-71],方法也取得了一些效果,但还有待于进一步的完善。

2. 基于非物理模型的方法

本书将基于大气散射模型以外的方法统称为非物理模型的方法。非物理模型的方法并不分析天气因素造成图像降质的物理成因,旨在增强图像的对比度和改善图像的质量。它是一个主观过程,属于图像增强的范畴。本书主要立足于基于物理模型方法的研究,有关非物理模型的去雾方法,读者可以参阅文献[72]。

3. 图像去雾的质量评价标准

图像质量评价是比较各种处理算法性能优劣的基准。通常,图像质量评价分为由人来评价的主观方法和由算法评价的客观方法两大类。主观评测是最常用、最直接的方法。但是,主观方法需多次重复实验,耗时费力,且易受观测者个人因素的影响。而客观评测是用数学的方法计算得出,算法评价自动公开,但不同的评价指标往往导致不同的评价结果。

通常情况下,图像去雾算法的评价没有真实的清晰图像可做参考,属于无参考客观质量评价范畴。目前,仅能依据对降质图像和恢复后图像的分析比较来衡量算法的性能。迄今为止,研究人员提出了多种图像去雾算法,但是还没有形成统一的质量评测准则,因此多采用主观评测方法对算法进行评价。

图像去雾算法主要涉及图像颜色和对比度两个方面的评价。常见的颜色和对比度评价指标包括以下几种:

1)颜色评价

色调极坐标直方图[73]用于度量图像的偏色和色调多样性。色调极坐标直方图在单位圆中表示图像中所有色调出现的概率。色调极坐标直方图定义了两个评价准则:集中性和离散度。集中性越大,图像色调分布越集中;反之,图像色调分布越分散。离散度定义为数据偏离周期均值的统计方差,表示色调以周期均值为中心的分布宽度。离散度越小,图像色调分布越窄;反之,图像色调分布越宽。高集中性和低离散度表明图像色调单一,对应地,图像视见度低。

RGB图像主成分分析(PCA)的特征值用于度量色调多样性和饱和度强弱。主轴指第一主成分特征向量的方向,主轴离差越大,表明图像色调越丰富,且饱和度越高;反之,图像色调越单一,且饱和度越低。

由于天气作用的影响,图像的像素整体移向直方图灰度级的亮端。一种好的图像复原或增强算法应使处理后的图像看起来真实自然,也就是说,原图像和结果图像的直方图形状大体上应保持一致。直方图相似度测量两个直方图分布之间的相似程度,可以用两个直方图分布的相关系数和巴氏距离作为基于直方图相似度的评价标准。

2)结构性信息评价

较好的去雾效果应该大致保持图像的结构信息,去雾后图像结构信息大量增加往往意味着过增强和引入噪声,而明显的减少则意味着丢失细节,两种情况都会显著影响图像的视觉效果和后期处理的准确度。

文献[74]提出用图像的信息熵来评价图像的质量,信息熵是对图像所包含的信息量的度量。图像的信息熵越大,表示图像纹理的复杂度越高,图像中包含的信息越多。当图像中所有灰度级出现概率相等时,图像的信息熵最大;当图像为单色时,图像的信息熵最小。文献[75]采用基于处理前后的两幅反射图像的结构相似度(Structural Similarity,SSIM)函数来反映图像的失真程度。文献[76]提出用处理前后图像的新可见边集合数目比、平均梯度比来评价图像的结构变化。

3)对比度评价

除了传统的对比度直方图,均匀度是一种全局对比度评价标准,它测量待测直方图和均匀分布的直方图之间的相似程度。Michelson 对比度[77]和 Weber 对比度也是两种全局对比度评价标准。

有效对比度度量(VCM)[78]将图像划分为子区域,计算各子区域的方差,统计方差大于给定值的子区域数所占总数的比例。Peli 对比度[79]是一种局部带限对比度,Bringier 等[80]将其扩展到彩色图像的对比度评价。在此基础上,发展了基于频带分解的多种无参考局部带限对比度。

4. 目前存在的问题

1)模型算法方面

基于物理模型的方法和非物理模型的方法,其本质区别为是否从大气散射模型出发。基于物理模型的方法通过增加假设条件或弱化限制条件估计模型参数;非物理模型的方法则是根据主观视觉效果进行对比度增强和颜色校正。

非物理模型的方法是基于图像本身进行像素或邻域处理,理论和方法比较简单,更加适合应用于有实时性要求的场合。大部分非模型方法效果有限,存在天气影响去除不彻底、块化、过增强等现象,同时无法估计雾霾的深度,不能充分校正景深较深区域的对比度和颜色。

由于大气模型是一个病态方程求解问题,因此基于物理模型方法通常借助最优化方法估计模型中的参数。模型参数的估计相对较复杂耗时,且随着图像尺寸的增加,时间开销成倍增加,而且模型构建相对困难,涉及较多参数,如果模型和参数不准将导致适得其反的效果。构建中往往需要较强的假设条件,当假设条件无法满足时,模型方法效果有限。例如,大部分现有算法均假设光在大气介质中传播只与大气粒子发生单散射现象,然而,在实际情况下,多散射现象是可能存在的。总而言之,相比大雾、浓霾等天气下拍摄的图像,基于物理模型的方法对于轻雾等天气下拍摄的图像取得了更好的处理效果。目前,大气散射模型也仍是描述雾天降质图像退化过程最主要的理论基础。

2)图像质量评价和适应性方面

目前,在进行图像质量评价时,主要应用的仍是主观评价法。这种方法虽能较好地反映图像直观质量,但其结果易受观察者知识背景、关注问题、疲劳程度等因素影响,不易定量准确测量。现有的一些图像质量客观评价方法采用一些数字特征作为标准,但有些在评价过程中仍需要与一幅清晰的图像进行比对,这对于只有一幅降质图像的实际问题来说,评估方法受到限制。

同时,图像恢复技术的探索具有试验性和多样性,对某类图像效果较好的增强方法未必一定适用于另一类图像。在实际情况中,要找到一种有效的方法必须进行广泛的实验。迄今为止,研究人员提出了多种图像去雾算法,但没有形成具有统一性和普适性的质量评价标准。

3)实时性方面

海上图像恢复的最终目标,是应用这些图像处理技术对海上视频进行实时有效的处理,为海上导航服务。其中的关键问题就是算法的处理速度,即实时处理问题。如果效果好但是速度太慢,对实时工程应用没有任何意义。因此,如何开发既有实用性效果又可以用于实时处理的算法仍然是一个难点。

1.2.3 景物感知技术

三维景物感知是计算机视觉的关键技术之一。目前,获取距离信息的方法和技术很多,每种方法各有其适用范围和产生的背景,且各有优缺点。一般来讲,常用的三维感知和测距技术方法分为主动(Active)和被动(Passive)两类。前者使用专门的光源装置提供目标物体周围的照明,后者则由物体周围的光线提供。被动技术特别适合于需要保密的军事应用场合[81]。

1. 主动测距方法

主动测距方法的基本思想是利用特定的、人为控制的辐射源(光源、声源等)对景物目标进行照射,根据物体表面的反射特性及光学、声学特性来获取目标的三维信息。其特点是具有较高的测距精度、抗干扰能力和实时性。具有代表性的方法有:结构光法、莫尔阴影法、飞行时间法、三角测距法和散焦测距法。

1)结构光法(光条法)

这是一种既利用图像又利用可控制辐射源的测距方法,其基本思想是利用目标物受到照明后拍摄得到的图像中的几何信息帮助提取实际景物中的几何信息。光条法是使用结构光的一种最简单的情况,文献[82,83]中给出了几种结构光测距系统。结构光条测距器主要由光条发生器和摄像机组成,由光条发生器发射的结构光称为光平面,当光平面投射到景物时,在景物上会出现一系列光条图案,所以摄像机获取的景物图像是一系列的光条图像,在这些光条里包含了图像所对应景物的几何信息。结构光的形式不只光点和条纹,还有网格结构光法、圆形光条法、交叉线法、彩色编码条纹法等。更精确的结构光测距方法有利用光干涉条纹性质的莫尔干涉条纹法、全息激光干涉法以及光衍射效应的测距方法。

结构光法的最大优点就是可减少计算复杂性,提高测量精度,对于平坦的、无明显纹理和形状变化的表面区域都可进行精密的测量。其缺点是对设备和外界光线要求较高,造价昂贵。目前主要应用在条件良好的室内。

2）飞行时间法（TOF）

光速和声速在空气中的传播速度是一定的，由测距器主动发出脉冲，到达物体表面后反射回来，计算脉冲在测距器与物体表面之间的飞行时间就能得到相应的距离。根据发射源的不同，脉冲测距可分为超声测距和激光测距。因为光速比声速快得多，而且激光具有相当高的定位精度，因此可以更快、更精确地测得距离[84]。

飞行时间法直接利用光和声波的传播特性，不需要进行灰度图像的获取与分析，因此距离的获取不受物体表面性质的影响，可快速准确地获取景物表面完整的三维信息。但是，它需要较复杂的光电设备，造价昂贵，测量精度与设备的灵敏度有很大关系。

三角测距法与飞行时间法一样，也是基于分析向物体表面发射能量的反馈。

2. 被动测距技术

被动测距技术是目前研究最多、应用最广的一种距离感知技术。它不需要人为地设置辐射源，只利用场景在自然光照下的二维图像来重建景物的三维信息，具有适应性强、实现手段灵活、造价低的优点。但是，这种方法是由低维信号计算高维信号，因而解算的困难很大。对它的研究涉及视觉心理和生理学、数学、物理学以及计算机科学等学科的内容，是计算机视觉最为活跃的领域之一。主要有以下几种方法：Shape from X、立体视觉和光度立体视觉等。

1）Shape from X

X 指图像中包含的阴影、遮挡边界、轮廓以及纹理等，Shape from X 是指利用单幅图像从 X 恢复形状。

空间物体表面取向的逐步变化会引起图像的灰度平滑变化，由明暗恢复形状的方法就是如何在一定的约束条件下从平滑变化的灰度图重建表面取向的信息，从而得到物体表面的相对距离信息。Horn 最早在其博士论文中讨论了从阴影恢复形状的问题，并进行了深入的研究[85]。

Shape from X 方法一般常用来重建物体表面的表面方向等信息，如果要重建距离信息，则需要增加更多的约束条件和先验知识。

2）立体测距技术

立体视觉是计算机被动测距方法中最重要的距离感知技术，它模拟人类视觉处理景物的方式，可以在多种条件下灵活地测量景物的立体信息，其作用是其他计算机视觉方法所不能取代的，对它的研究，无论是从视觉生理的角度还是在工程应用中都具有十分重要的意义。

3）光度立体视觉

光度立体视觉是将立体视觉与从阴影恢复形状的技术相结合。其基本思想为通过不同光源产生不同的图像辐射方程来增加方程数目，以求解表面方向。

4）根据单幅灰度图像的测距

与测距技术应用有关的是定位问题，如确定移动机器人相对参考空间的位置和方向，在这类问题中，必须能快速地计算出三维空间的位置。根据目前的技术现状，采用上面所提的立体测距法和结构描述法都无法提供充分快的响应时间。为了解决该问题，简化计算复杂度，可以事先确定环境中的目标信息，然后用单一摄像机来获取这些目标的数据，利用目标在图像平面上的透视投影的几何约束，可以完全恢复摄像机相对目标的位置和方向。

1.3 本书的组织结构

本书共分为 7 章。第 1 章是绪论，主要讲述书中重点研究的海天检测技术、运动估计技术、海雾消除技术、舰船要素解算以及电子稳像技术的军事价值和相关研究进展；第 2 章构建了舰基图像特征单元构造，是舰基图像处理的基础理论部分；第 3 章主要阐述了舰基图像海天线检测技术，是第 4、第 5 章的前期工作；第 4 章是舰基图像多参量运动估计，分别从三参量和多参量两方面进行研究，并提出了相应的解决方案，是第 6、第 7 章的理论基础；第 5 章阐述了舰基图像海雾消除技术；第 6 章阐述了通过舰基图像实现舰船要素解算的理论与方法；第 7 章重点研究了舰基图像电子稳像技术。全书内容紧密结合工程实际，实用性强。

参 考 文 献

［1］ 王嘉，王海峰，刘青山，等．基于三参数模型的快速全局运动估计［J］．计算机学报，2006，29（6）：920 - 927.

［2］ 杜新海．航海学［M］．北京：海潮出版社，1996.

［3］ 瞿学林，钟云海，郑海，等．舰船运动要素测量的误差分析［J］．航海技术，2002（2）：19 - 20.

［4］ 侯迎坤，刘明霞，杨德运．多级块匹配变换域滤波图像去噪［J］．计算机辅助设计与图形学学报．2014，26（2）：225 - 231.

［5］ Special issue on MPEG - 4［S］. IEEE Trans Circuits Systems for Video Technology，1997，7（2）.

［6］ Xuan Jing，Lap - PuiChau. An Efficient Three - Step Search Algorithmfor Block Motion Estimation［J］. IEEE Trans. Multimedia，2004，6（3）： 435 - 438.

［7］ Jain J R，Jain A K. Displacement measurement and its applicationin interframe image coding［J］. IEEE

Trans. Commun. ,1981,29(12):1799 – 1806.

[8] Koga T, Iinuma K, Hirano A, Iijima Y, et al. Motioncompensated interframe coding for video conferencing [C]. in Proc. Nat. Telecommun. Conf. , New Orleans, LA, Nov. 29 – Dec. 3 1981:G5.3.1 – G5.3.5.

[9] Li R, Zeng B, Liou M L. A new three – step search algorithm forblock motion estimation [J]. IEEE Trans. Circuits Syst. Video Technol. ,1994,4(8):438 – 442.

[10] Po L M, Ma W C. A novel four – step search algorithm for fastblock motion estimation [J]. IEEE Trans. Circuits Syst. Video Technol. ,1996,6(6):313 – 317.

[11] Liu L K, Feig E. A block – based gradient descent search algorithmfor block motion estimation in video coding[J]. IEEE Trans. Circuits Syst. Video Technol. ,1996,6(8):419 – 423.

[12] Tham J Y, Ranganath S, Ranganath M, et al. A novelunrestricted center biased diamond search algorithm for block motionestimation[J]. IEEE Trans. Circuits. Syst. Video Technol. ,1998,8(8):369 – 377.

[13] Zhu S, Ma K K. A new diamond search algorithm for fast blockmatchingmotion estimation [J]. IEEE Trans. Image Processing,2000,9(1):287 – 290.

[14] Chen L G, Chen M J, Chiueh T D. A new block – matchingcriterion for motion estimation andits implementation[J]. IEEE Trans Circuits Syst Video Technol, June 1995,5:231 – 236.

[15] 崔少辉,郭晓冉,方丹,等. 动态前景干扰下的电子稳像算法[J]. 半导体光电,2014,35(2): 325 – 329.

[16] 冀爽,方明,王成,等. 一种基于改进运动估计的电子稳像技术[J]. 长春理工大学学报(自然科学版),2014,37(4):121 – 124.

[17] 何凯,牟聪翀,远中文. 具有前景目标的动态场景视频快速稳像算法[J]. 重庆大学学报,2012,35 (10):93 – 98.

[18] 杨莉,邵克勇,刘远红,等. 应用于电子稳像的改进块匹配算法[J]. 化工自动化及仪表,2014,41 (5):553 – 556.

[19] 赵志强,陈盈. 一种基于灰度投影与块匹配的视频序列快速稳像算法[J]. 光电工程,2011,38(6): 146 – 150.

[20] Ko S J, Lee S H, Lee K H. Digital image stabilizing algorithmsbased on bit – plane matching[J]. IEEE Trans. Consumer Electron. ,1998,44(3):796 – 800.

[21] Ko S J, Lee S H, Jeon S W, et al. Fast digital imagestabilizer based on gray – coded bit – plane matching [J]. IEEE Trans. Consumer Electron. ,1999,45(3):598 – 603.

[22] Xu L, Lin X. Digital Image Stabilization Based on Circular Block Matching[J]. IEEE Transactions on Consumer Electronics,2006,52(2):566 – 574.

[23] Horn B, Schunck B. Determining optical flow[J]. Artificial Intelligence,1981,17:185 – 203.

[24] 陈震,高满屯,沈允文. 图象光流场计算技术研究进展[J]. 中国图象图形学报,2002,7A(5): 434 – 439.

[25] Nagel H H. Constrains for the estimation of displacement vector fields from image sequences[A]. In: Proceedings IJCAI′ – 83[C],Karlsruhe,Germany,1983:945 – 951.

[26] Mukawa N. Optical – Model – Based analysis of consecutive images[J]. Computer Vision and Image Understanding,1997,66(1):25 – 32.

［27］ Alvarez L,Weickert J,Sanchez J. Reliable estimation of dense optical flow field with large displacement［J］. International Journal of Computer Vision,2000,39(1):41 − 56.

［28］ 郭晓冉,崔少辉. 基于光流法的多分辨率电子稳像算法［J］. 半导体光电,2014,35(2):340 − 344.

［29］ Allmen M C. Image sequence description using spatiotemporal flow curves:Toward motion − based recognition［D］. Ph. D. Thesis,University of Wisconsin − Madison,1991.

［30］ 赵红颖,熊经武. 获取动态图像位移矢量的灰度投影法的应用［J］. 电工程,2001,28(3):51 − 53.

［31］ 孙辉,张永祥,熊经武,等. 高分辨率灰度投影算法及其在电子稳像中的应用［J］. 光学技术,2006, 32(3):378 − 380.

［32］ 周渝斌,赵跃进. 基于单向投影矢量的数字电子稳像方法［J］. 北京理工大学学报,2003,23(4): 509 − 512.

［33］ 钟平,冯进良,于前洋,等. 动态图像序列帧间运动补偿方法探讨［J］. 光学技术,2003,29(4):441 − 444.

［34］ Zhang Zhengyou,Deriche R,Faugeras O, et al. A Robust Technique for Matching Two Uncalibrated Images Through the Recovery of the Unknown Geometry［J］. Artificial Intelligence,1995,78:87 − 119.

［35］ Pritchett P,Zisserman A. Wide Baseline Stereo Matching［C］. In Proc. Int. Conf. on Computer Vision. 1998: 754 − 760.

［36］ Schmid C,Mohr R. Local Grayvalue Invariants for Image Retrieval［J］. IEEE Transactions on Pattern Analysis and Machine Intelligence,1997,19(5): 530 − 535.

［37］ Lowe D G. Object recognition from local scale − invariant features［C］. In ICCV,Greece,1999:1150 − 1157.

［38］ 王敬东,王智慧,张春等. 基于特征匹配的电子稳像优化技术［J］. 光子学报,2012,41(11):1372 − 1376.

［39］ 刘志文,刘定生,刘鹏. 应用尺度不变特征变换的多源遥感影像特征点匹配［J］. 光学精密工程, 2013,21(8):2146 − 2153.

［40］ 李兆祥,李靖. 视频稳像的 shift 算法优化［J］. 哈尔滨理工大学学报,2013,18(2):109 − 113.

［41］ Schwartz J T,Shair M. Identification of partially obscured object in two and three dimensions by matching noisy characteristic curves［J］. Int . J. Robotics ,1987,6:29 − 44.

［42］ Freeman H,Davis L S. A corner − finding algorithm for chain − coded curves［J］. IEEE Trans. Comput. 1977,(26):297 − 303.

［43］ Dinstein I,Pikaz A. Using Simple Decomposition for Smoothing and Feature Point Detection of Noisy Digital Curves［J］. IEEE Transactions on Pattern Analysis and Matching Intelligence. 1994,16(8):808 − 813.

［44］ Pikaz A,Dinstein I. Matching of partially occluded planar curves［J］. Pattern Recognition. 1995,28(2): 198 − 209.

［45］ Deriche R,Faugeras O. 2 − D Curve matching using high curvature points:application to stereo vision［C］. Proceedings. ,10th International Conference on Pattern Recognition,1990,1: 240 − 242.

［46］ John P,Stephen P. Curve matching and stereo calibration［J］. Image and vision computing. 1991,19(2): 45 − 50.

［47］ Samia B,Patrick ,et al. A local method for contour matching and its parallel implementation［J］. Machine Vision applications. 1998(10):321 − 330.

［48］ Schmid C. The Geometry and Matching and Curves Over Multiple Views［J］. International Journal of Computer Vision. 2000,40(3):199 – 233.

［49］ Bracewell R N,Chang K Y,Jha A K,et al. Affine theorem for two – dimensional Fourier transform ［J］. IEEE Electronic Letters,1993,29(3):304.

［50］ A Murat Tekalp. Digital video processing［M］. PrenticeHall,Inc. 1998.

［51］ DeCastro E,Morandi C. Registration of translated and rotated images using finite Fourier transforms［J］. IEEE Transactions on Pattern Analysis and Machine Intelligence,1987,9(5):700 – 703.

［52］ Reddy B S,Chatterji B N. An FFT – based technique for translation,rotation,and scale – invariant image registration［J］. IEEE Transactionson Image Processing,1996,5(8):1266 – 1271.

［53］ Erturk S. Translation,rotation and scale stabilisatian of image sequences［J］. IEEE Electronics Letters,2003. 39(17):1245 – 1246.

［54］ Yosi Keller,Amir Averbuch,Moshe Israeli. Pseudopolar – Based Estimation of Large Translations,Rotations,and Scalings in Images［J］. IEEE Trans. On IMAGEPROCESSING,2005,14(1):12 – 21.

［55］ Oakley J P,Satherley B L. Improving image quality in poor visibility conditions using a physical model for contrast degradation［J］. IEEE Transactions on Image Processing. 1998,7(2): 167 – 179.

［56］ Tan K,Oakley J P. Physics – based approach to color image enhancement in poor visibility conditions［J］. Optical Society of America,2001,18(10): 2460 – 2467.

［57］ Kopf J,Neubert B,Chen B,et al. Deep photo:model – based photograph enhancement and viewing［J］. ACM Transactions on Graphics(Siggraph Asia 2008),2008,27(5): 111 – 116.

［58］ Narasimhan S G,Nayar S K. Interaetive(De)weathering of an Image Using Physical Models［C］. ICCV Workshop on CPMCV. Nice,France:IEEE Computer Society,2003.

［59］ 王孝通,郭珈,金鑫,等. 大气散射模型的海上视频图像去雾技术［J］. 中国航海,2013,36(1):13 – 17.

［60］ Tan R T. Visibility in badweather from a single image［C］. Proceedings of IEEE CVPR. Washington DC:IEEE Computer Society,2008: 2347 – 2354.

［61］ Carr P,Hartley R. Improved single image dehazing using geometry［C］. Proceedings of DICTA. Melbourne,Australia:IEEE Computer Society,2009:103 – 110.

［62］ Oakley J P,Bu H. Correction of simple contrast loss in color images［J］. IEEE Transactions on Image Processing. 2007,(16)2: 511 – 522.

［63］ Fattal R. Single image dehazing［J］. ACM Transactions on Graphics(Siggraph 2009),2008,27(3): 1 – 8.

［64］ He Kaiming,Sun Jian,Zhou Xiaoou. Single Image Haze Removal Using Dark Channel Prior［C］. Proceedings of IEEE CVPR. Miami,USA:IEEE Computer Society,2009: 1956 – 1963.

［65］ Chen Mengyang,Men Aidong,Fan Peng,et al. Single image defogging［C］. Proceedings of IC – NIDC. Beijing,China:IEEE,2009: 675 – 679.

［66］ Kratz L,Nishino K. Factorizing scene albedo and depth from a single foggy image［C］. Proceedings of IEEE ICCV. Kyoto,Japan:IEEE Computer Society,2009: 1701 – 1708.

［67］ Sun Jian,JiaJiaya,Tang Chi – Keung,et al. Poisson Matting［J］. ACM Transactions on Graphics(Siggraph 2004). 2004: 1 – 7.

［68］ QI Baojun, WU Tao, HE Hangen. A New Defogging Method with Nested Windows［C］. Proceedings of ICIECS, Wuhan：Wuhan University, 2009, 1 – 4.

［69］ 武凤霞, 王章野, 彭群生. 最小失真意义下雾化图像复原［J］. 系统仿真学报, 2006, 18：363 – 365.

［70］ 孙玉宝, 肖亮, 韦志辉, 等. 基于偏微分方程的户外图像去雾方法［J］. 系统仿真学报, 2007, 19（16）, 3739 – 3744.

［71］ 李亚春, 夏德深, 孙涵. 基于分形特征的云雾遥感图像分离方法［J］. 计算机应用研究, 2006, 168 – 171.

［72］ 郭嘉. 海上降质图像恢复技术研究［D］. 大连：海军大连舰艇学院, 2009.

［73］ Chambah M. Reference – free image quality evaluation for digital film restoration［J］. Colour：Design&Creativity. 2008, 4（3）：1 – 16.

［74］ 王鸿南, 钟文, 汪静. 图像清晰度评价方法研究［J］. 中国图象图形学报, 2004, 9（7）：828 – 831.

［75］ 李大鹏, 禹晶, 肖创柏. 图像去雾的无参考客观质量评测方法［J］. 中国图象图形学报, 2011, 16（9）：1753 – 1757.

［76］ Hautiere N, Tarel J P, Aubert D, et al. Blind contrast enhancement assessment by gradient ratioing at visible edges［J］. Image Analysis and Stereology Journal. 2008, 27（2）：87 – 95.

［77］ Mecheson A A. Studies imOptics［M］. Chicago：University of Chicago Press, 1927.

［78］ Jobson D J, Rahman Z, Woodell G A, et al. A comparison of visual statistica for the image enhancement of foresiteaeria；images with those of major image classes［C］. Visual Information Processing XV, Orlanod, FL, USA：SPIE, 2006, 624601：1 – 8.

［79］ Peli E. Contrast in complex images［J］. Journal of the Optical Society of America, 1990, 7（10）：2032 – 2040.

［80］ Bringier B, Richard N, Larabi M C, et al. No – reference perceptual quality assessment of colour image［C］. Proceedings of European Signal Processing Conferecnce, Florence, Itlay：EURASIP, 2006.

［81］ 王孝通. 基于光流法的舰船运动要素测定原理研究［J］. 中国航海, 2004, 27（2）：7 – 10.

［82］ Ozeki O. Real time range measurement device for 3D object recognition［J］. IEEE Trans on PAMI, 1986（8）：550 – 553.

［83］ 金俊, 李德华, 李和平. 结构光三维获取系统条纹中心线检测［J］. 计算机工程与应用, 2006（4）：42 – 44.

［84］ Binger N. The application of laser radar technology［J］. Sensors, 1987, 4（4）：42 – 44.

［85］ Ikeuchi K, Horn B K. Numerical shape from shaping and occluding boundaries［J］. Artificial Intelligence, 1971, 17：141 – 148.

［86］ 王润生. 图像理解［M］. 长沙：国防科技大学出版社, 1994.

［87］ Adiv G. Determining Three – Dimensional Motion and Structure from Optical Flow Generated by Several Moving Objects［J］. IEEE Transactions on Pattern Analysis & Machine Intelligence, 1985, 7（4）：384 – 401.

［88］ Srinivasan S. Extracting Structure from Optical Flow Using the Fast Error Search Technique［J］. International Journal of Computer Vision, 1998, 37（3）：203 – 230.

第 2 章　舰基图像特征单元构造

第 2 章 舰基图像特征单元构造

2.1 引 言

图像特征提取与匹配是序列图像处理与分析的基本内容,并已经广泛应用于运动目标跟踪、识别、时间序列图像压缩等众多领域。

为了能够找到一种准确、稳定、可行的图像特征实现提取与匹配,本章首先分析现有角点检测算法的不同特性,找出具有鲁棒性的角点检测方法;然后针对孤立角点难以实现特征匹配问题,借鉴面域信息丰富的特点,采用极坐标系下的灰度投影策略,构建了适用于图像匹配的特征单元;最后,根据曲线相关,实现了特征单元的匹配。

2.2 角点特征描述

2.2.1 角点评价标准

目前对于角点还没有统一的定义,一般认为,角点定义为二维图像亮度变化剧烈的点或图像边缘曲线上具有曲率极大值的点。不同的检测方法对角点有不同的定义。A. Rosenfeld 和 E. Johnston 提出,利用曲线上某点前后臂夹角的余弦值来估算该点的曲率,并将局部曲率最大点定义为角点[1];H. Freeman 和 L. S. Davis 用相邻两点的前臂与水平轴之间夹角的变化作为角点检测的依据[2];H. Moravec 定义角点为各个方向亮度变化足够大的点[3],这是早期关于角点的定义。

衡量角点检测算法性能的准则主要有以下四个。

(1)检测准确性:不计噪声,即使最细小的角点,角点检测算法也应该可以检测到。

(2)定位性:检测到的角点应尽可能接近它们的真实位置。

(3)稳定性:对相同场景拍多幅照片时,每一个角点的位置都不应该移动。

(4)复杂性:检测算法的复杂性越小,运行速度就越快,自动化程度就越高。

2.2.2 检测算法描述

已提出的关于角点检测的方法很多,基本上可以分为两类:基于图像边界信息和直接分析图像局部灰度值的方法。

基于图像边界信息方法的早期途径是基于边缘轮廓链码的角点检测方法[4,5]。这种方法过多依赖于图像分割及边缘检测的效果,而且图像分割复杂,计算量大,不适于实时处理。

Mokhtarian 和 Suomela[6] 基于尺度空间描述提出一种新的角点检测算法。他们首先使用 canny 检测器从原始图像中检测边缘,角点定义为具有最大绝对曲率的边缘点。在非常小的尺度,由于存在许多噪声,具有最大绝对曲率的边缘点很多,而当尺度增加时,噪声被平滑,只有对应真实角点的最大值保留下来,但角点的位置也在变化,这时角点的定位很差。所以 Mokhtarian 算法首先在图像中用高尺度检测角点,然后逐步减少尺度,在多个低尺度处跟踪改善角点定位。因为在降低尺度的过程中只需要计算候选角点,计算量大大降低。Rosin[7] 提出在角点检测前,大部分基于曲率估计的角点检测器会使用固定截止频率的滤波器对图像进行滤波,只有不被滤波器影响到的角点才能被检测到。

基于图像边界信息进行角点检测的另一大类方法是:先用某类函数对原始曲线分段拟合,然后根据拟合后的曲线分段方程,计算出曲线曲率的极值获取角点的位置。如 Langricle[8] 使用了三次多项式,Gerard Medioni[9] 提出 B 样条函数来拟合曲线。由于需要先计算曲线的拟合方程,运算量通常较大,而且对拟合的精度有较高的要求。此外,费旭东等[10] 提出了一种基于查表技术和知识的角点提取方法,这种方法运算量较小,但是对知识有较高的依赖性,缺乏通用性。陈燕新等[11] 通过考察以轮廓点为中心的圆盘内目标及背景所占面积的大小来提取角点,不过这种方法对于局部曲率的变化不敏感,无法精确定位。

采用小波快速算法进行多尺度角点检测近年来也得到广泛研究。如文献[12]沿着尺度变化最大值的轨迹,在不同的尺度下检测拉普拉斯过零点,可以得到子像素精度的检测结果。Hua 和 Liao[13] 认为大部分的角点检测算法基于单尺度空间,而实际图像中大部分的轮廓曲线是在不同的尺度上。比如,小尺度上的一个圆弧,大尺度上可能认为是一个角点;而小尺度上的角点,大尺度上则可能认为只是一个噪声点。因此,单尺度角点检测会遗漏小的角点,并且忽视比较粗糙的特征点。他们基于小波变换及其快速算法提出的角点检测算法,可以在大尺度上检测大的特征点,也可以在小尺度上检测小角点,由于采用了快速算法,计算效率高。

　　基于图像边界信息的角点检测算法需要一定的预处理过程,复杂性高,容易引入误差。因此,近年来提出的角点检测方法大多是直接基于灰度图像的角点检测。主要分为两类:基于模板的角点检测算法和基于几何特征的角点检测算法。

　　基于模板的角点检测[14,15],一般首先建立一系列具有不同角度的角点模板,然后在一定的窗口内比较待测图像与标准模板之间的类似程度,以此来检测图像中的角点。由于角点结构的复杂性,模板不可能覆盖所有方向的角点,这一类角点检测方法计算量大且比较复杂。

　　基于几何特征的角点检测方法主要是通过计算像素的微分几何特征来进行角点检测,其中较为典型的有 Kitchen 和 Rosenefeld[16]提出的基于局部梯度幅值和边界上梯度方向改变率的角点检测算法。由于他们的算法使用了图像灰度二阶导数,对噪声敏感。

　　Wang 和 Brady 提出了一种基于表面曲率的角点检测算法[17,18]。为了改善角点检测的稳定性,首先将图像与高斯滤波器卷积,然后计算整个图像的表面曲率。曲率高于一定阈值并为局部最大值的点,被认为是候选角点。最后,当满足设定的域值时,候选角点被确认为角点。

　　另外一类基于几何特征的角点检测算法为自相关角点检测算法[19-22]。这类算子不同于一般角点的直观定义,它们认为与邻域有较大的灰度差,或其局部自相关灰度值较大的像素点为角点。Moravec[19]认为在角点的某个邻域内,灰度的变化在任意一条通过该点的直线上都很大。他对每一个待检测像素取窗口,从四个方向计算这个像素的非正则化自相关值,并选择最小值作为这个像素的角点响应函数(Corner Response Function,CRF)。由于只考虑了四个方向,Moravec 角点检测算子误差很大。最小亮度变化(MinimumIntensity Change,MIC)是 Trajkovic 等人[20]在 CRF 基础上提出的一种新的角点检测算法。该算法对每个像素基于其邻域的图像灰度采用插值的方法计算 CRF 值,具有大于某一阈值且为局部最大 CRF 值的像素点认为是角点。1997 年,牛津大学的 Smith 和 Brady 提出了一种低层次图像处理小核值相似区的方法,称为 SUSAN 算法(Small Univalue Segment Assimilating Nucleus)[21],经过大量的实际应用,证明该算法对低层次图像处理有较好的适用性和可靠性。Harris 和 Stephens[22]也使用角点响应函数思想进行角点检测,但他们采用一阶导数来估计自相关性。Harris 算法具有良好的检测效果,经过检测器横向测评,性能优于其他检测器。

　　经过对大量的角点检测算法进行回顾、分析,我们选择了检测效果比较好、运算比较简单、易于硬件实现的自相关角点检测算法进行具体研究,分析其优点及存在的一些问题,并在研究的基础上提出我们自己的新算法,最后给出比较结果。

2.2.3 检测算法分析

我们选择自相关角点检测中的经典算法——SUSAN 算法和 Harris 角点检测算法进行详细分析,并在此基础上构建新的图像特征单元。

1. SUSAN 算法原理及分析

SUSAN 算法是 1997 年英国牛津大学的 Smith 等人提出的一种低层次图像处理小核值相似区方法。经过大量实际应用,证明该算法对低层次图像处理有较好的适用性和可靠性。SUSAN 算法基本原理如图 2-1 所示。

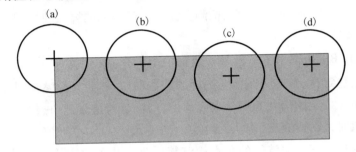

图 2-1 USAN 的三种典型形状
(a) 核心为角点;(b) 核心为边缘点;(c)、(d) 核心在 USAN 区域内。

被检测的像素点位于圆邻域的中心,称为核心点。假设图像为非纹理,核心点的邻域被划分为两个区域:灰度值等于(相似于)核心点灰度区域,即核值相似区(Univalve Segment Assimilating Nucleus,USAN)和灰度值不相似于核心点灰度区域。考虑上述三种情况,对于核心点在 USAN 区域内,其 USAN 区域最大;核心点位于边缘,其 USAN 区域为整个邻域面积的 1/2;而角点附近 USAN 区最小。基于这一原理,为了找到角点,计算 USAN 区域的面积和质心,并在这些参数的基础上发展角点检测算法。

在计算 USAN 区域时,使用相似比较函数:

$$c(\overline{r}, \overline{r_0}) = \exp\left(-\left(\frac{I(\overline{r}) - I(\overline{r_0})}{t}\right)^6\right) \qquad (2-1)$$

式中 $I(\overline{r})$——核心点灰度值;

  $I(\overline{r_0})$——邻域内非核心点灰度值;

  t——区分特征目标与背景的阈值。

SUSAN 算法不用对图像求导,抗噪声能力强,可以检测所有类型的角点,精度好。但经研究发现 SUSAN 算法仍然存在三个问题：

（1）相似比较函数计算复杂。

（2）图像中不同区域处目标与背景的对比程度不一样，取固定阈值 t 不符合实际情况。

（3）USAN 的三种典型形状为理想情况，即认为与核心点处于同一区域（物体或背景）的像素与核心点具有相似灰度值，而另一区域则与它相差较大。

2. Harris 角点检测算法

Harris 角点检测算法由 Chris Harris 和 Mike Stephens 在 1988 年提出。这里首先介绍 Moravec 角点检测算子。Moravec 角点检测算子研究图像中的一个局部窗口在不同方向进行少量的偏移后，窗口内的图像亮度值的平均变化。需要考虑如下三种情况：

（1）假如窗口内的图像块的亮度值是恒定的，那么所有不同方向的偏移仅导致一个小的变化。

（2）假如窗口跨越一条边，那么沿着边的偏移将导致一个小的变化，但是与边垂直的偏移将导致一个大的变化。

（3）假如窗口块包含角点或者是一个孤立的点，那么所有不同方向的偏移将导致一个大的变化。因此，定义由任意方向的偏移而引起的最小变化值大于某一个特定值的那个点是角点。

Moravec 角点检测算子可以简单描述为：在角点的某个领域内，亮度的变化在任意一条通过该点的直线上都很大。对每一个待检测的像素点取窗口，从各个方向来计算这个像素的非正则化自相关值，并且选择最小值作为这个像素点的角点响应函数。

以下将给出 Moravec 算子存在的一些问题和 Harris 等人给出的相应解决措施。

（1）在计算像素点的非正则化自相关值时只考虑了像素点的 8 个方向（每隔 45°取一个方向）。可以通过将区域变化式 E 扩展，将所有方向的小的偏移表现出来：

$$E_{x,y} = \sum_{u,v} w_{u,v} \left[I_{x+u,y+v} - I_{u,v} \right]^2 = \sum_{u,v} w_{u,v} \left[xX + yY + o(x^2 + y^2) \right]^2$$

$$(2-2)$$

对于上式，变化 E 能够写成

$$E_{x,y} = Ax^2 + 2Cxy + By^2 \qquad (2-3)$$

其中，$A = X^2 \otimes w$；$B = Y^2 \otimes w$；$C = (XY) \otimes w$；符号 $\otimes$ 表示卷积。

（2）Moravec 算子没有对图像进行降噪处理，所以响应对噪声敏感。可以使用平滑的圆形窗口先对图像进行预处理来降低噪声影响，比如高斯窗口：

$$w_{u,v} = \exp - (u^2 + v^2)/2\sigma^2 \qquad (2-4)$$

（3）因为仅仅考虑了 E 的最小值，所以 Moravec 算子对边缘响应很敏感。解决方法：重新定义角点准则。对于小的偏移(x,y)，变化 E 能够精确地写成

$$E_{x,y} = (x,y) M (x,y)^{\mathrm{T}} \qquad (2-5)$$

式中　M——2×2 的对称矩阵

$$M = \begin{bmatrix} A & C \\ C & B \end{bmatrix}$$

注意变化 E 与局部自相关函数密切相关，矩阵 M 描述了 E 在原点的形状。设定 α,β 是 M 的两个特征值。α,β 与局部自相关函数的主要曲率成比例，都可以用来描述 M 的旋转不变性。如上所述，有三种情况需要考虑：

① 假如两个特征值都是小的，以致于局部自相关函数是平的，那么图像中的窗口区域为近似不变的亮度。

② 假如一个特征值是高的，而另一个是低的，以致于局部自相关函数呈现山脊的形状，那么这显示是一条边。

③ 假如两个特征值都是高的，以致于局部自相关函数是突变的山峰形状，那么在任何方向的偏移都将增加 E 的值，显示这是一个角点。

为了避免求解 M 矩阵的特征值，定义下面公式来计算 Harris 算法的角响应函数：

$$R = \mathrm{Det}(M) - k\mathrm{Tr}(M)^2 \qquad (2-6)$$

其中

$$\mathrm{Tr}(M) = \alpha + \beta = A + B$$
$$\mathrm{Det}(M) = \alpha\beta = AB - C^2$$

式中角点响应准则 R 在角的区域是个正值，在边的区域是负值，在不变化的区域是个很小的值。在实际应用中，计算图像窗口中心点的 R 值，如果大于某一个给定的门限值，则这个点为角点。

Harris 算法稳定性高，对噪声不敏感，对 L 形状的角点检测准确性高，但由于采用了三次高斯滤波，运算速度较慢。

2.3　图像特征单元

图像的子块信息相对于特征点信息，包含了更为丰富的图像内容，所以，在

进行图像配准、匹配等操作时,图像子块的选取有着重要的意义。本书在传统意义图像块的基础上,构建了适用于图像匹配的特征单元。

2.3.1　特征单元构造

我们以 Harris 角点作为中心,选取一定区域作为初始特征点域,在此基础上,利用极坐标变换将点域转化,生成新的特征面域,并利用灰度投影的概念,使面域降维成一维矢量,从而实现了从特征面相关向曲线相关的转化,同时,消除了由于旋转和缩放对初始特征的影响。

1. 确定初始特征点域

在这里,考虑到 Harris 角点检测器具有稳定性高、对噪声不敏感以及对 L 形状的角点检测准确性高等优良特性,我们以其作为特征点的检测器。

以特征点为中心,选择 $N \times N$ 图像子块作为初始特征点域。N 的大小要根据图像的内容以及大小进行相应的调整。若 N 选取偏小时,不能含有充分的图像特征信息;若 N 选取偏大时,则会增加算法的复杂度,不利于系统的工程化。实验中,通常选用 $N = 16$。

如果原始图像存在多维运动时(例如,包含了旋转或者缩放变换),则初始特征点域跟随着图像也存在着旋转或者缩放关系。这时,如果继续使用传统的基于图像块的搜索或者匹配准则(例如,菱形搜索策略、最小绝对误差和准则等),来确定特征点域的匹配,将会产生错误。为此,需要通过新的途径来克服旋转或者缩放变换对特征点域的影响。

2. 生成特征面域

为了兼顾旋转以及缩放因素对初始特征点域的影响,采用极坐标变换模式消除旋转因子的影响,即:将直角坐标系下的初始特征点域变换为极坐标系下的特征点域,同时,为了运算方便,截断无数据区域(即 $r = N/2$),以消除其影响,如图 2 − 2 所示。

设两对应点域满足如下变换关系:

$$I_2(x_2, y_2) = I_1(x_1, y_1) \qquad (2-7)$$

其中,$(x_2, y_2)' = S \cdot R(\alpha) \cdot (x_1, y_1)'$;$R(\alpha) = \begin{bmatrix} \cos\alpha & \sin\alpha \\ -\sin\alpha & \cos\alpha \end{bmatrix}$。则有

$$\begin{cases} x_2 = S \cdot x_1 \cdot \cos\alpha + S \cdot y_1 \cdot \sin\alpha \\ y_2 = -S \cdot x_1 \cdot \sin\alpha + S \cdot y_1 \cdot \cos\alpha \end{cases} \qquad (2-8)$$

可以证明,极坐标变换后,两个特征域的对应关系。对式(2 − 3)进行极坐

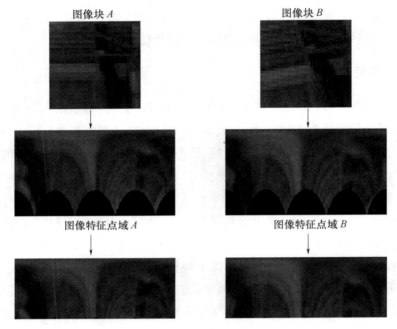

图 2 - 2　生成特征面域

标变换：

$$\begin{cases} r_2 = S \cdot r_1 \\ \theta_2 = \theta_1 + \alpha \end{cases} \qquad (2-9)$$

变换后两个对应点域满足

$$P_2(r,\theta) = P_1(S \cdot r, \theta + \alpha) \qquad (2-10)$$

显然,图像的旋转被转化成平移运动。如在图 2 - 4 中,可以看到图像内容的平移。

3. 构造特征单元

为了构建既包含特征信息又方便相关运算的特征单元,将极坐标下的特征域进行方向轴上的投影,从而生成一维特征曲线,其投影公式可表示为

$$L(\theta) = \sum_r P(r,\theta) \qquad (2-11)$$

为了消除由于光照的影响,对式(2-6)做如下均值处理:

$$L(\theta_i) = L(\theta_i) - \left(\frac{1}{n} \sum_i^n L(\theta_i) \right) \qquad (2-12)$$

生成的一维特征曲线,已经消除了旋转、光照等因素对其影响,不但具有构造简单、运算代价小的特点,而且保留了原始特征信息。把这样的一维方位曲线称为图像特征单元。

2.3.2   解算或者消除旋转参量

由于旋转参量的存在将会影响特征单元的相关计算,所以,需要通过多种途径,解算或者消除旋转参量。

1. 解算旋转参量

存在旋转角度的特征点域经过极坐标变换后会将旋转转变为平移,这时,可以采用矢量平移检测技术进行求解。在众多的求解技术中,灰度投影算法因为具有精度高、实时性好等优良特性,成为一种良好的选择。

从图 2-3 中可以看出,投影矢量可以直观地表现出原图像的旋转角度(这里是 10°),利用曲线相关方法进行解相关运算。详细阐述见 4.2 节。

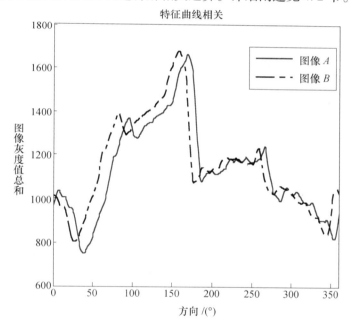

图 2-3   两个待相关的特征曲线,其中 $R = 10°; S = 1.11$

2. 消除旋转参量

为了消除旋转参量对特征点域的影响,以点域梯度方向作为起始角度进行极坐标变换,这样,式(2-10)也就变成

$$P_2(r,\theta) = P_1(S \cdot r, \theta) \tag{2-13}$$

其中,点域的梯度方向 ψ 计算方法为

$$\varphi = \arctan\left(\frac{I_y}{I_x}\right) \tag{2-14}$$

I_x、I_y通过式(2-7)求取。为了消除噪声的影响,采用高斯平滑滤波器

$$\varphi = \arctan\left(\frac{S_\sigma \otimes I_y}{S_\sigma \otimes I_x}\right) \qquad (2-15)$$

由于$L_{(\theta)}$是距离信息在方向上的投影,下面分析由于尺度因子S的存在,对$L_{(\theta)}$产生的"噪声"影响$n(\theta_0)$。

2.3.3 特征单元误差分析

设$L_1(\theta)$为面域集1的一维投影矢量,同样,$L_2(\theta)$为面域集2的投影矢量,则有

$$n(\theta_0) = |L_2(\theta_0) - L_1(\theta_0)| \qquad (2-16)$$

不失一般性,假设$S>1$,且有

$$p_2(r_2,\theta_0) = p_2(S \cdot r_0,\theta_0) = p_1(r_0,\theta_0)$$

根据图像插值缩放特性,有

$$L_2(\theta_0) = \sum_{r_2} p_2(r_2,\theta_0) = S \cdot \sum_{r_1=1}^{r_0} p_1(r_1,\theta_0) \qquad (2-17)$$

而

$$L_1(\theta_0) = \sum_{r_1} p_1(r_1,\theta_0) = \sum_{r_1=1}^{r_0} p_1(r_1,\theta_0) + \sum_{r_1=r_0+1}^{s \cdot r_0} p_1(r_1,\theta_0)$$

所以

$$n(\theta_0) = |L_2(\theta_0) - L_1(\theta_0)| = \left|(S-1) \cdot \sum_{r_1=1}^{r_0} p_1(r_1,\theta_0) - \sum_{r_1=r_0+1}^{s \cdot r_0} p_1(r_1,\theta_0)\right|$$

即

$$n(\theta_0) \leqslant \max\left((S-1) \cdot \sum_{r_1=1}^{r_0} p_1(r_1,\theta_0), \sum_{r_1=r_0+1}^{s \cdot r_0} p_1(r_1,\theta_0)\right) \qquad (2-18)$$

根据大量实验验证,当$0.71 < S < 1.40$时,由噪声$n(\theta_0)$引起图像特征单元的扰动,处于可以接受的范围。

2.4 特征单元匹配

由于我们已经将特征点的匹配转化为曲线相关,所以,这里将重点研究曲线相关的一些策略和方法。

2.4.1　曲线相关方法

有关曲线相关方法,国内外众多学者已经做了大量的研究,书中 1.2.1 节已经做了相应的阐述。

实现曲线相关匹配的最基本思路和方法是将任意一条轮廓曲线转换为一列形状信息描述的序列,也可以认为是将任意一条曲线 K 表示成一列实数串 $(L_i)_{i=1}^n$,但这些实数串 $(L_i)_{i=1}^n$ 必须能够体现曲线的特征。

曲率是曲线的基本特征之一,具有较好的标识性,二维曲线曲率的数学定义如下:

曲率:曲线上一点处的曲率定义为曲线切线与 X 轴的夹角相对于弧长的变化率。

即:$K = \lim\limits_{\Delta s \to 0} \dfrac{\alpha}{\Delta s}$,其中 α 是两条切线夹角,Δs 是切线夹角 α 对应的弧长。

连续可导的函数曲线的曲率具有位移不变性、旋转不变和缩放的相关特性,这些性质在形似图形的线性匹配方面具有重要的意义,我们只要寻找曲率的极值点和轮廓曲线的值心,就可以将两条二维轮廓曲线进行匹配[23]。

2.4.2　基于相关系数的曲线相关方法

我们使用相关系数作为特征单元的相关准则,设 $L_1(\theta)$、$L_2(\theta)$ 为待相关的两个特征曲线,则计算公式如下:

$$\rho(L_1(\theta), L_2(\theta)) = \frac{\text{Cov}(L_1(\theta), L_2(\theta))}{\sigma_1 \cdot \sigma_2} \qquad (2-19)$$

其中

$$\text{Cov}(L_1(\theta), L_2(\theta)) = \sum_i \{(L_1(\theta)_i - \overline{L_1(\theta)}) \times (L_2(\theta)_i - \overline{L_2(\theta)})\}$$

$$\sigma_1 = \left\{\sum_i (L_1(\theta)_i - \overline{L_1(\theta)})^2\right\}^{\frac{1}{2}}, \sigma_2 = \left\{\sum_i (L_2(\theta)_i - \overline{L_2(\theta)})^2\right\}^{\frac{1}{2}}$$

为了得到提高的匹配准确度,设定阈值 **Th**,当相互关系满足 $\rho \geqslant Th$ 时,即认定两者匹配。

2.4.3　性能分析

实验条件为 512MB DDR 内存,PⅣ2.4GB 个人计算机,测试图像分别采用真实序列以及人工合成序列,图像大小为 320×240。为了检测图像多参量变换对特征单元的影响水平,实验主要针对以下三种情况进行测试:①平移 + 旋转;②平移 + 缩放;③平移 + 旋转 + 缩放。实验时,特别考虑了大角度旋转(>10°)以及高比例缩放(>1.2& <0.8)等情况对特征单元的影响。并与文献[24]中的 CBM 算法进行了性能对比。测试数据如表 2 – 1 ~ 表 2 – 4 所示。

表 2 – 1　运动估计性能分析(平移 + 旋转)

	缩放比例	旋转角度/(°)	水平方向平移/像素	垂直方向平移/像素	匹配点对数量
真实值	1.000	– 10.00	– 29.0	33 – 0	44
估计值	1.000	– 9.95	– 29.0	33 – 0	45
误差	0.000	0.05	0	0	1

表 2 – 2　运动估计性能分析(平移 + 缩放)

	缩放比例	旋转角度/(°)	水平方向平移/像素	垂直方向平移/像素	匹配点对数量
真实值	1.40	0.00	– 24	– 45	31
估计值	1.40	0.02	– 24	– 45	33
误差	0.00	– 0.02	0	0	2

表 2 – 3　运动估计性能分析(平移 + 旋转 + 缩放)

	缩放比例	旋转角度/(°)	水平方向平移/像素	垂直方向平移/像素	匹配点对数量
真实值	1.22	10.00	– 35	6	25
估计值	1.22	10.00	– 35	6	28
误差	0.00	0.00	0	0	3

表 2 – 4　算法性能对比

	缩放比例	旋转角度/(°)	平移 X/Y/像素
CBM	0.84 ~ 1.14	>25	>20
OF	0.92 ~ 1.08	<7	<10
作者	0.71 ~ 1.40	任意角度	>20

注:CBM、OF 算法详见文献[32]

实验选用的特征点域窗口尺寸 $N = 16$。图 2 – 4 是特征点的检测结果,图 2 – 5 是特征点对的匹配效果,在相关阈值 **Th** = 0.97 时,求取的匹配点数有 28 对,其中,匹配误点有 3 对。为了验证算法的鲁棒性,随机选取一对匹配的特征点,见图中矩形标示处。图 2 – 2 是经过梯度方向上极坐标变换后的特征点域。进行相关计算时,截断无数据区域(即 $r = N/2$),以消除其影响。

图 2-4　特征点检测结果(变换参数见表 2-3)

图 2-5　特征点匹配效果(变换参数见表 2-3)

图 2-6 是图 2-5 经过方向轴上投影后构建的特征曲线,以及匹配曲线之间的相互关系。正如 2.3 节所述,缩放只给特征曲线带来了微小的扰动,曲线的相关系数为 0.9774。图 2-7 是没有经过梯度方向校正的极坐标变换生成的投影曲线,相关系数为 0.8645。

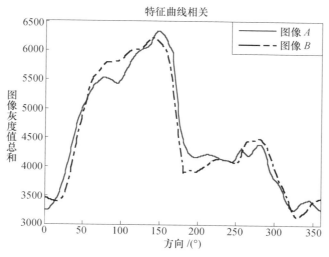

图 2-6　特征曲线的相互关系

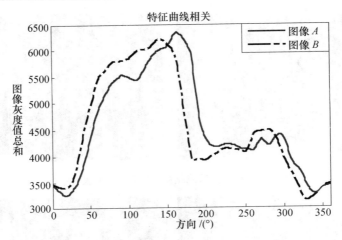

图 2-7　无梯度校正的特征曲线的相互关系

（$N = 16, S = 1.4$ 时由于缩放引起的噪声扰动）

2.5　本 章 小 结

　　图像匹配一直是图像分析与理解领域的重要研究课题,其中,基于特征点的匹配方法因为特征简单、易于提取、相对稳定等特点成为人们研究的重点;同时,又因为特征角点易受噪声影响、存在出格点以及非刚性映射等原因,成为研究的难点。

　　本章以改进的 Harris 角点作为中心,选取一定区域作为初始特征点域,在此基础上,利用极坐标变换将点域转化,生成新的特征面域,并利用灰度投影的概念,使面域降维成一维矢量,构建了图像特征单元,从而实现了从特征面相关向曲线相关的转化,同时,消除了旋转和缩放对初始特征的影响。

　　2.3 节针对缩放变换参数会对特征单元带来噪声的问题,进行了相关误差分析。2.4 节根据投影矢量的特性,建立曲线相关准则,实现相关解算。同时,实验性能分析表明,构建的图像特征单元对于表现图像局部性质性能良好,可以较好地实现图像对之间的多参量变换匹配,当相关系数阈值 > 0.97,缩放比例变化范围为 0.71 ~ 1.40 时,具有鲁棒的匹配效果。由此可以看出,构建的图像特征单元特征稳定,对于序列图像匹配具有重要的工程应用价值。

参 考 文 献

[1]　Rosenfeld A, Johnston E. Angle detection on digital curves [J]. IEEE Trans. Comput, 1973,(22):

875 – 878.

[2] Freeman H, Davis L. A corner finding algorithm for chain – codedcurves[J]. IEEE Trans. Comput, 1977, (26) : 297 – 303.

[3] Moravec H P. Towards automatic visual obstacle avoidance[A]. In : IEEE International Conference on Robotics and Automation[C], 1977 : 584 – 596.

[4] Beus H L, Tin S S H. An improved corner detection algorithm based on chain – code plane – curves[J]. Pattern Recognition, 1987, 20(20) : 291 – 296.

[5] Liu H C, Srinath M D. Corner detection from chain – code[J]. Pattern Recognition, 1990. 23(2) : 51 – 68.

[6] Mokhtarian F, Suomela R. Robust image corner detection through curvature scale space[J]. IEEE Trans. on Pattern Analysis and Machine Intelligence, 1998, 20(12) : 1376 – 1381.

[7] Rosin P L. Representing curves at their natural scales[J]. Pattern Recognition, 1993, 25 : 1315 – 1325.

[8] Langride D J. Curve encoding and the detection of discontinuities[C]. CVGIP : 1982, 20(1) : 58 – 71.

[9] Mediono G, Yasumoto Y. Corner detection and curve representation using cubic B – splines[J]. Computer Vision, Graphics and Image Processing, 1987, 39(3) : 267 – 278.

[10] 费旭东, 荆仁杰. 基于知识的快速角点提取[J]. 计算机学报, 1994, 17(1) : 30 – 36.

[11] 陈燕新, 戚飞虎. 一种新的提取轮廓特征点的方法[J]. 红外与毫米波学报, 1998, 17(3) : 171 – 176.

[12] Federico P, Elena P, Augusto S. et al. Multi – resolution corner detection[C]. IEEE International Conference on Image Processing, 2000, 3 : 881 – 884.

[13] Jianping H, Qingmin L. Wavelet – based multiscale corner detection[C]. IEEE 5th International Conference on Signal Processing Proceedings, 2000, 1 : 341 – 344.

[14] Mehrotr R, Nichani S, Ranganathan N. Corner detection[J]. Pattern Recognition, 1990, 23 (11) : 1223 – 1233.

[15] Rangarajan K, Shah M, VBrackle D. Optimal comer detection. Computer Vision[J]. Graphics and Image Processing, 1989, 48 : 230 – 245.

[16] Kitchen L, Rosenfeld A. Gray – level corner detection[J]. Pattern Recognition Letters, 1982, 1 : 95 – 102.

[17] Wang H, Brady M. Real – time corner detection algorithm for motion estimation[J]. Image Vision Computing, 1995, 13(9) : 695 – 703.

[18] Wang I L, Brady M. A practical solution to corner detection[C]//Proc. 5th ICIP, 1994, 1 : 919 – 923.

[19] Moravec H. Towards automatic visual obstacle avoidance[C]//Proc. IJCAI, 1977 : 584.

[20] Miroslav T, Mark H. Fast comer detection[J]. Image andVision Computing, 1998, 16(1) : 75 – 87.

[21] Smith S M, Brady J M. SUSAN – A new approach to low – level imageprocessing[J]. Int. J. Comput. Vis, 1997, 23(1) : 45 – 78.

[22] Harris C, Stephens M. A combined corner and edge detector[C]//Proc. 4th Alvey Vision Conf, 1988 : 147 – 151.

[23] 丁险峰, 吴洪, 张宏江等. 形状匹配综述[J]. 自动化学报, 2001, 27(5) : 678 – 694.

[24] Xu L, Lin X. Digital Image Stabilization Based on Circular Block Matching[J]. IEEE Transactions on Consumer Electronics, 2006, 52(2) : 566 – 574.

第 3 章　舰基图像海天线检测技术

第3章 舰基图像海天线检测技术

3.1 引　言

海天线检测是海面舰船目标检测的关键环节,特别是红外探测器在成像距离较远时,受海面潮湿大气影响,舰船目标红外辐射衰减剧烈,在图像中呈现为弱小目标,加大了舰船检测和定位的难度。因此,为了能够提取复杂海天背景下的海天线,国内外许多研究人员进行了大量深入的研究,至今已涌现出多种提取算法。

早期的一类方法是基于 Hough 变换的直线提取技术,例如文献[1,2],但 Hough 变换计算复杂,较难确定单像素直线,同时又由于实际的海空图像中海天线往往并不是直线特征最明显的,因此这种方法通常只适应海空背景比较干净的图像。刘松涛等[3]提出的 Hough 变化法,只能处理简单的海天背景,适应性不好,当海上杂波较多时,该方法则必须在预处理时加上 3×3 的多次中值滤波,以消除杂波干扰。董月芳等[4]对 Hough 变化法进行了改进,提出了一种基于相位编组的海天线提取算法,相位编组法能提取出灰度变换缓慢处的直线,Hough 变换具有较好的抗噪能力,二者结合后,算法既有抵抗噪声干扰的优点,又能鲁棒地提取出弱对比度的直线,但该方法对噪声较为敏感。

另一类方法是基于区域特性的直线提取技术,谢红等[5]提出的复杂海天线区域检测算法,通过最大类间方差法选取灰度阈值,进而检测出海天线。该方法对于海与天灰度值变化较明显的海天背景图像,具有较好的效果,但对于变化不明显的海天背景图像,则检测效果不佳;张淑艳[6]采用多点多层垂直 Sobel 算子计算图像边缘点信息,再基于最小二乘直线拟合法提取海天线,该方法同样受限于海天背景较大杂波干扰。杨家红[7]等运用形态学,提出基于复杂海天背景行均值曲线突降区间的海天线定位算法,但是该算法只适应于天空灰度高于海面的环境,以及纵横摇不明显的时机。

还有的研究者引入了小波和剪切波[8],但运算更为复杂。温佩芝等[9]提出用小波分析的思想分解图像检测海天线,该方法比较有效,但小波的选取及分解尺度与目标大小、场景分布有关,如何恰当选取小波和分解尺度是一个问题,算法的实时性也不好。

事实上,对一般的舰船红外图像而言,海天线不是一条线,而是一个模糊的过渡区域,桂阳等[10]利用该特性,通过搜寻设定区域内方差最大值,求出该区域,然后结合 RANSAC 求取海天线,具有较强的鲁棒性和实效性。王兵学等[11]通过深入分析了不同复杂场景下海天线区域的纹理特征,建立了符合海天线检测的纹理特征模型,在不需要直线提取的基础上便可成功提取出海天线,算法运算简便,适合在实际工程中使用。

3.2　海天背景图像特性分析

包含舰船目标的海天背景图像一般可分为三部分:海天背景、舰船目标和噪声,同时,根据成像传感器不同,又可分为可见光图像和红外图像等。

3.2.1　海天背景图像特点

在海天背景可见光图像中,天空的反射较强,亮度较大,海面的反射较弱,亮度较小。天空和海面之间的亮度有明显的跳跃,海天之间存在一个海天交接过渡带,过渡带有明显的边缘特征。由于海浪的运动、波浪的反光影响,海面背景可能表现出强烈的不均匀性。

在海天背景红外图像中,通常情况下,海面背景辐射低于天空背景辐射,其灰度整体表现为低亮度,天空背景辐射整体比海面背景高,海天之间存在一个海天交接过渡带,过渡带的天空部分亮度较大,海面部分亮度较小。由于空气对热辐射的散射和吸收作用,使得图像中的海天线模糊不清。随着天空场景与海天线距离的增加,天空背景辐射强度逐渐降低,天空中也存在一个灰度过渡带。

从远处观察,舰船目标总是出现在海天交界线上方,目标区域的大小取决于目标的大小及距离的远近,目标的灰度与当时的气象环境等有关。由于大气的作用,目标的边缘模糊。

噪声是传感器及电路产生的各类噪声的总和,噪声和背景像素不相关,其在空间的分布是随机的。图像中的噪声主要为单点脉冲噪声,主要表现为图像中的单点相对于周围高亮度或低亮度的奇异性。

海天线的提取也就是提取出海天线区域变化最明显的一条最长的单像素近似直线,找到海天线所在的位置[17,18]。当确定海天线后,沿着海天线方向距离

$\pm \Delta d$ 画出两条与海天线平行的直线,那么所画直线的区域即为海天线区域,如图 3-1 所示。所以确定海天线后通过计算可以确定目标与海天线的相对位置,然后针对不同的位置关系进行不同的处理可以降低目标跟踪的复杂性,同时也可以抑制海杂波的干扰,提高算法的鲁棒性。

图 3-1　海天线位置

3.2.2　海天线检测难点

在实际应用中,天气特性会对红外传感器获取的海空图像产生很大的影响,同时,又由于拍摄角度不同,海天线的视觉效果并不一致,通过对大量真实海空场景图像的分析得出以下三种容易导致海天线检测失败的场景[11]。

(1) 海天线模糊且有强杂波干扰:海天线处灰度过度模糊本身就不利于它的提取,再加上强杂波干扰造成图像中有大量浪峰的灰度强度接近、甚至大于海天线像素点灰度值,其梯度特征非常明显,致使海天线被定位在强杂波附近。

(2) 亮带干扰:海面某一狭窄水带对阳光形成强反射,在图像上表现为与海天线平行的亮带,由于亮带附近的梯度值很高,对海天线检测形成很大干扰。

(3) 云层干扰:某些云层邻近海平面且与海天线平行,其边界线形状规则且边界线上下的灰度分布特征非常接近海天线。

以上三种因素很大程度上影响了海天线的准确提取,尤其是后两种,其边缘特征常常强于真实海天线,导致海天线检测错误。为了消除背景因素带来的诸多影响,本章试图从图像背景复杂度角度考虑,解析海天线的提取。

3.2.3　背景复杂度描述

针对数字图像目标提取来说,图像复杂度是指在一幅给定图像中,发现或提取一个真实目标内在的困难程度。它既与需要提取目标的类型有关,还与所采用的提取方法有关。图像复杂度描述可以从整体角度、区域角度以及目标角度来分别描述,它们分别对应于整幅图像复杂度、区域复杂度和对象复杂度 3 个尺度。本章主要研究图像复杂度的整体描述,以便用来指导后续图像分割分类以及目标(海天线)提取方法的选择,或者作为区域复杂度和对象复杂度的描述参考。

1. 基于信息熵的图像复杂度描述

图像背景复杂度有多种描述方法,其中,Lei Yang[12]等将信息熵的理论运用到图像复杂度描述。信息熵是信息论中用于度量信息量的一个概念,一个系统越有序,信息熵就越低;反之,一个系统越混乱,信息熵就越高。信息熵是总体的平均不确定性的度量,因此可以用来反映背景图像的复杂程度。

对于一幅 8 位灰度图像,灰度级个数为 256,假设灰度级 g 在图像中出现的概率为 P_g,其中 $g = 0 \sim 255$,$P_g = 0 \sim 1$,$\sum\limits_{g=0}^{255} P(g) = 1$,则灰度信息熵可定义为 $H_1(g)$:

$$
\begin{aligned}
H_1(g) &= \sum_{g=0}^{255} P(g) \lg P(g) \\
&= P(0) \lg P(0) + P(1) \lg P(1) + \cdots + P(255) \lg P(255)
\end{aligned}
\tag{3-1}
$$

当 $P_g = 0$ 时,$P(g) \lg P(g) = 0$。

显然,LeiYang 的方法能够较好地反映图像的复杂程度,但其方法包含了大量的对数运算,计算量较大,实时性不好,适于图像整体复杂程度的一个度量,容易忽略图像局部的复杂特性,不适合用于局部复杂度的计算。Peng Wang[13]将局部标准差作为背景复杂度的描述标准。假设图像的第 j 行,第 i 列的灰度值为 $g(i,j)$,然后计算 $r \times c$ 邻域的标准差 s:

$$
s = \sqrt{\frac{1}{n-1} \sum_{i=0}^{r-1} \sum_{j=0}^{c-1} (g(i,j) - \overline{g})^2}
\tag{3-2}
$$

标准差体现的是图像灰度变化的剧烈程度,图像越复杂,标准差的值越大。这将突出海天线区域包括海上小目标的对比度。但是由于标准差值较小,图像经过处理后,目标的对比度仍然很低。冯涛[14]将局部的灰度统计作为图像复杂度的一个衡量标准,其基本思想是区域灰度种类越多,图像越复杂,见式(3-3):

$$
h(l) = \sum_{i=1}^{m} \sum_{j=1}^{n} \delta(\overline{g} - g(i,j))
\tag{3-3}
$$

式中 $\delta(\bullet)$——单位冲击函数;

m 和 n——分别为图像区域的行和列的值。

实验证明,该方法图像增强效果不明显。远距离观测时,海天背景下的小目标通常受海天线的影响,此时目标的分割及海天背景的分割容易受海杂波等噪声的影响。

图像的区域方差虽然能够反映图像的变化剧烈程度,但是却忽略了灰度值本身的重要性,无法真实地反映图像的复杂程度。文献[15]对图像复杂度的定义做了进一步的改进,假设图像的复杂度为 s':

$$s' = \sqrt{s^2 \times h(g)} = \sqrt{\frac{1}{n-1}\sum_{i=0}^{m-1}\sum_{j=0}^{n-1}(g(i,j)-\bar{g})^2 \times \sum_{i=1}^{m}\sum_{j=1}^{n}\delta(\bar{g}-g(i,j))}$$

$$(3-4)$$

式中　s^2——图像的区域方差;

$h(g)$——区域直方图统计,即区域灰度种类的统计。

该方法适用于不同复杂程度的海天背景图像,可有效剔除云层、海浪等背景的干扰,具有较好的目标分割性能。

2. 基于纹理的图像复杂度描述

由于纹理是灰度分布的一种度量方式,因此可用来描述图像复杂度。图像的纹理计算方法有很多种,其中基于局部二元模式(Local Binary Pattern,LBP)方法在纹理分类上取得了很好的效果,可以用来分析海天的纹理特性。

LBP 是一种有效的纹理描述算子,可以对灰度图像中局部邻近区域的纹理信息进行度量和提取。最初它被提出用来纹理分析,现已经被引入到人脸图像分析领域中描述人脸,且基于 LBP 的特征提取方法已经成功地应用于人脸检测和表情识别领域。LBP 纹理描述方法首先计算图像中每个像素与其局部邻域点在灰度上的二值关系,然后对二值关系按一定规则加权形成像素的 LBP 码,提取图像子区域的 LBP 直方图序列作为图像的特征描述。

LBP 的原理[16]是利用每个像素及其半径为 R 的环形邻域上的 P 个像素点的联合分布 $T=t(g_c,g_0,\cdots,g_{P-1})$ 来描述图像的纹理。其中 g_c 表示局部邻域中心的灰度值,$g_p(p=0,1,\cdots,P-1)$ 对应着半径为 R 的圆环上的 P 个等分点的灰度值,不同的 (P,R) 组合,LBP 算子也不相同,图 3-2 为 3 种不同的 LBP 算子。

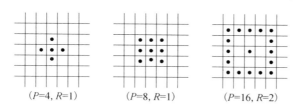

$(P=4, R=1)$　　　$(P=8, R=1)$　　　$(P=16, R=2)$

图 3-2　不同 (P,R) 的环形对称邻域

为了实现该纹理算子对灰度的不变性,用环形邻域上 P 个等分点的灰度值 $g_p(p=0,1,\cdots,P-1)$ 减去中心点的灰度值 g_c,联合分布 T 转化为

$$T = t(g_c, g_0 - g_c, g_1 - g_c, \cdots, g_{P-1} - g_c) \tag{3-5}$$

假设 g_c 和 g_p 相互独立,式(3-5)近似分解为

$$T \approx t(g_c)t(g_0 - g_c, g_1 - g_c, \cdots, g_{P-1} - g_c) \tag{3-6}$$

在式(3-6)中,$t(g_c)$ 描述了整个图像的灰度分布,对图像的局部纹理分布没有影响,因此,图像纹理特征可以通过差分的联合分布来描述,即

$$T \approx t(g_0 - g_c, g_1 - g_c, \cdots, g_{P-1} - g_c) \tag{3-7}$$

当图像的光照发生加性变化时,一般不会改变中心像素与其环形邻域上像素灰度值的相对大小,即 $g_p - g_c$ 不受光照加性变化的影响,因而,可以用中心像素与邻域像素差值的符号函数代替具体的数值来描述图像的纹理,即

$$T \approx t(s(g_0 - g_c), s(g_1 - g_c), \cdots, s(g_{P-1} - g_c)) \tag{3-8}$$

其中,s 为符号函数

$$s(x) = \begin{cases} 1, x \geq 0 \\ 0, x < 0 \end{cases} \tag{3-9}$$

将联合分布 T 得到的结果按环形邻域上像素的特定顺序排序,构成了一个 0/1 序列,若按逆时针方向,以中心像素点的右边邻域像素为起始像素开始计算,通过给每一项 $s(g_p - g_c)$ 赋予二项式因子 2^p,可以将像素的局部空间纹理结构表示为一个唯一的十进制数,该十进制数被称为 $LBP_{P,R}$ 数,这也是该纹理算子被称为局部二值模式(Local Binary Pattern)的原因,$LBP_{P,R}$ 数可通过式(3-10)计算:

$$LBP_{P,R} = \sum_{p=0}^{P-1} s(g_p - g_c)2^p \tag{3-10}$$

具体的 LBP 纹理特征计算过程如图 3-3 所示。将图 3-3 左边模板阈值化,使各邻域像素点与中心像素作比较,大于 0 置 1,小于 0 置 0,得到图 3-3 中图,按逆时针顺序构造 0/1 序列(10100101),最后计算出对应的十进制数(165),该像素点的 LBP 纹理特征值就是 165,对图像中的每个像素求 LBP 特征值,就得到了图像的 LBP 纹理特征图,如图 3-4 所示。因为图像边缘处的 LBP 纹理特征受邻域影响较小,所以本书中对于图像边缘的像素点保留了原始像素灰度值。

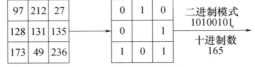

图 3-3　计算局部二值模式纹理特征($P = 8, R = 2$)

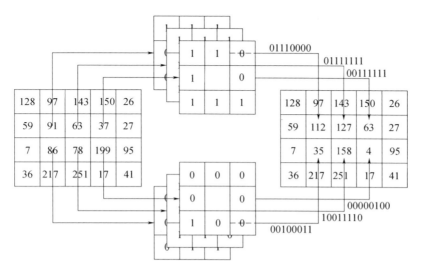

图 3 - 4　LBP 纹理特征图

3.3　基于区域特性的海天线提取方法

舰基图像中海天背景图像可分为三部分:海天背景、舰船目标和噪声。本节首先对具有复杂背景噪声的海天图像特性进行研究,通过中值滤波、对比度扩展、非线性分割等方法提高海天图像特性;然后,通过方差分析、梯度分析等方法剥离海天区域;最后采用最小二乘或者 RANSAC 直线拟合方法确定海天线参数。

3.3.1　复杂背景噪声处理

海空环境不同,对海天线检测的影响程度也不同,为了解决这一问题,必须在提取海天线之前,进行有效的背景抑制和目标增强等图像预处理。

1. 中值滤波

中值滤波是一种基于统计排序理论、可有效抑制噪声的非线性信号处理技术。其响应基于图像滤波器包围区域中的像素排序,可用邻域内像素灰度的中值代替中心像素的灰度值。其主要思想是利用一个大小为 S 的滤波模板对整幅图像遍历搜索,对滤波模板区域内的像素灰度值按从小到大的顺序排列,找出的像素值为相应像素邻域内的中间值,从而获得背景的估计值,最后再将估计值赋给与模板中心对应重合的那个像素。假设 $f(x,y)$ 为原始红外

图像,$f(i,j)$表示原始图像中各点的灰度值,定义滤波模板大小为S的二维中值滤波:

$$f'(x,y) = \mathrm{Med}\{f(x+s,y+t),(s,t) \in S(x,y)\} \tag{3-11}$$

式中 $f'(x,y)$——表示滤波之后的图像;

　　　　Med——中值滤波操作。

中值滤波不仅能够有效去除原始图像中的点状椒盐噪声,而且能够对干扰脉冲起到很好的抑制作用。中值滤波方法具有有效去除图像中灰度奇异点的特点,因此通常被用于弱小目标图像中抑制背景以及去除噪声。

如图3-5所示,经过中值滤波之后可以得到有效的背景预测图像,如果将原始红外图像与中值滤波之后的背景预测图像相减,得到差分之后的图像显示已经达到了背景抑制的效果,背景信息基本上都被消除,只剩下目标信息和一些噪声信息。中值滤波法构造简单且易于工程实现,滤波窗口可以是线形、菱形及圆形等形状,但滤波窗口的尺寸和形状对背景抑制的效果影响较大。

原始红外图像　　　　　　中值滤波后图像　　　　　　差分之后的图像

图3-5　中值滤波结果

2. 对比度扩展

对比度扩展又称灰度变换,它主要通过扩展图像中感兴趣部分特征的对比度,使之占据可显示灰度级的更大部分,从而达到对比度增强的目的。在常见的对比度扩展算法中,指数变换算法可以满足增加较亮像素的灰度级而只使较暗像素发生较小改变的要求。指数变换一般为

$$G(x,y) = \frac{255\{b^{c|g(x,y)-a|}-1\}}{b^{c(255-a)}-1} \tag{3-12}$$

其中,a,b和c为用来调整曲线的位置和形状的参数,它们可以使低灰度g得到压缩,并使高灰度g得到扩展。

图3-6为经过滤波和对比度扩展处理后得到的图像。

(a)　　　　　　　　　　　　　(b)

图 3 - 6　图像处理前后对比

(a) 原始图像；(b) 处理后图像。

3.3.2　海天区域特性分析

1. 方差分析

从 3.2 节的海空背景图像特征分析中可以看出,在可见光图像中,海天线附近区域是整幅图像中灰度差值最大的区域,也是灰度方差最大的区域。在红外图像中,海天线附近区域和天空中灰度过渡带区域的方差都比较大,此时海天线的检测还需以亮区域和暗区域的位置关系来确定。在海天线附近的小范围区域内,可以认为天空区域和海面区域的灰度是近似均匀的。以图 3 -7 模拟海天线附近小范围区域的情况,其中海天线是倾斜的。

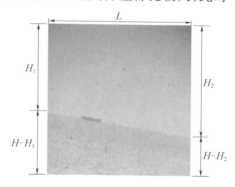

图 3 -7　海天线区域示意图

设所选海天线附近小范围区域的高度为 H,宽度为 L,其中天空区域的像素灰度值均为 G_1,海面区域的像素灰度值均为 G_2,显然 $G_1 > G_2$。图中天空区域和海面区域的像素面积分别为

$$s_1 = \frac{1}{2} \times (H_1 + H_2) \times L \qquad (3 - 13)$$

$$s_2 = \frac{1}{2} \times (2H - H_1 - H_2) \times L \qquad (3 - 14)$$

整个区域的灰度均值为

$$\overline{G} = \frac{s_1 \times G_1 + s_2 \times G_2}{L \times H} \qquad (3 - 15)$$

整个区域的灰度方差为

$$s^2 = \frac{1}{L \times H} \times \left[s_1 \times (G_1 - \overline{G})^2 + s_2 \times (G_2 - \overline{G})^2 \right] \qquad (3-16)$$

由上面 4 个公式计算可得:

$$s^2 = \frac{2 \times (H_1 + H_2) \times H - (H_1 + H_2)^2}{4 \times H^2} \qquad (3-17)$$

式(3 – 17)两边同时对$(H_1 + H_2)$求导可得

$$(s^2)' = \frac{H - (H_1 + H_2)}{2 \times H^2} \qquad (3-18)$$

当$(s^2)' = 0$,即 $H = H_1 + H_2$ 时,方差取最大值,而此时海天线必过该区域的中心点。因此,可在海空背景图像中设置竖形搜索区域,在此区域中寻找方差最大的一块子区域,则子区域的中心即为海天线上一候选点。

2. 梯度分析

由于海天线渐变带模糊不清且海面水纹的影响,直接对图像作梯度的检测效果并不理想,而且图像受噪声点污染。但是从大尺度上来分析,海面背景与天空区域之间必定有较大的梯度。

海天线应该出现在对图像各行求和后,水平梯度值最大的区域,这里求和梯度的次序可以互换。波纹的变化是杂乱无序的,图像越宽,参与求和的像素点越多,不同处波纹的影响会相互抵消,所以这个假设的准确度越高。

设图像为 $I(x,y)$,图像左上角为坐标$(0,0)$点,分别计算每个像素点的垂直向梯度 Gra_v、水平向梯度 Gra_h 以及 Gra。考虑到每一行像素的上下相邻行与其灰度差异并不是特别明显,因此,计算梯度时选择与其间隔几行的像素进行运算。

假设存在梯度算子[17]

$$\boldsymbol{f}(x,y) = \begin{bmatrix} -1 & -1 & \overset{d_1}{\overbrace{0 \quad 0 \quad 0}} & 1 & 1 \end{bmatrix}^{\mathrm{T}} \qquad (3-19)$$

其中,$d_1 = 1,3,5$,该模板系数相加总和为 0,在同一区域内对模板的响应为 0,在海天线附近对模板的响应为 2,因此对海天线渐变带进行了增强。例如,当 $d_1 = 3$ 时,有

$$\begin{cases} \mathrm{Gra}_v(x,y) = 0.5 \times (I(x,y+3) - I(x,y-3) + I(x,y+2) - I(x,y-2)) \\ \mathrm{Gra}_h(x,y) = 0.5 \times (I(x+3,y) - I(x-3,y) + I(x+2,y) - I(x-2,y)) \\ \mathrm{Gra}(x,y) = 0.5 \times (\mathrm{Gra}_v(x,y) + \mathrm{Gra}_h(x,y)) \end{cases}$$

$$(3-20)$$

3. 行投影分析

海天线区域由天空过渡到海面,而天空的灰度强度与高度紧密相关,因此采用灰度行投影分析背景分布情况,不但能真实反映天空灰度变化,还能避免直线检测方法因云团、杂波等形成的边缘干扰,设灰度行投影为 $P(x)$,则计算公式为

$$P(x) = \sum_{y=0}^{width} I(x,y) \qquad (3-21)$$

图 3 - 8 描述了灰度投影变化情况,图中有几处明显的峰值,它们分别对应着图像中垂直方向上灰度变化最大的地方。显然,海天线的位置也对应着某一个峰值,由于海天两部分内容图像纹理不同,所以,可以根据投影曲线的特性进行海天线的分解与提取。

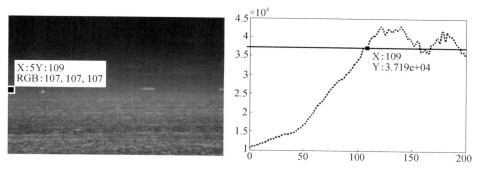

图 3 - 8　灰度行投影变化情况

与图像灰度投影相似,图像的梯度行投影也可以表征图像的纹理变化,进而实现海天线的提取。设定图像梯度行投影为 $Gra_v(x)$,则计算公式为

$$Gra_v(x) = \sum_{y=0}^{width} Gra_v(x,y) \qquad (3-22)$$

图像的梯度行投影如图 3 - 9 所示。同样,由于海天两部分内容图像纹理不同,可以根据投影曲线的特性进行海天线的分解与提取。

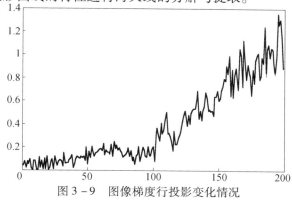

图 3 - 9　图像梯度行投影变化情况

3.3.3 确定海天线直线参数

1. 基于最小二乘的直线拟合方法

1）确定搜索区域

假设不考虑搜索时间代价，可以按照列方向对图像进行全局搜索，从图像最左端开始，按列进行搜索。本书为了压缩搜索空间，将图像的宽度进行10倍缩小（即每10列选择1列作为搜索区域），如图3-10中的白色区域所示。

图 3 – 10　确定搜索区域

在对序列图像的处理过程中，图像中的搜索区域高度可以前一帧图像中所提取的海面上的点的高度坐标为基准，往上下方向扩展一定高度得到，不必以图像高度为准，这样可以缩小搜索区域，提高运算速度，如图3-11所示。

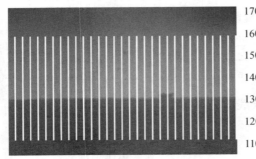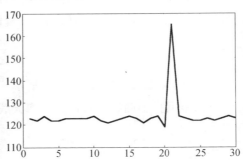

图 3 – 11　搜索区域优化

按照直线方程定义，确定海平面的直线只需要海平面上两点即可，即只需要选取两条搜索线（搜索区域），但鉴于海平面噪声等因素影响，为了获得更好的鲁棒性和精度，应选择多条搜索线。

2）计算方差提取海平面点

确定搜索区域以后，根据上节中关于海天区域的方差分析结果，可以确定每个搜索区域中海天线上的候选点,如图 3-11 所示,则可得到 n 个点的坐标 $(x_i, y_i)(i=1,2,\cdots,n)$($n$ 为搜索的列数),根据这 n 个点的坐标,可由最小二乘算法计算海天线的直线参数。

3)解算直线方程

把海天线看作是直线,设其方程为

$$Y = Ax + B \tag{3-23}$$

式中:A 为该直线的斜率;B 为截距。

将图像沿行方向平均分成 N 个区,求出每个区的海天线坐标(x_i, y_i),其中 $i=1,2,\cdots,N$,则在最小均方误差意义下可以求得

$$A = \frac{N\sum\limits_{i=1}^{N} x_i y_i - \sum\limits_{i=1}^{N} x_i \sum\limits_{i=1}^{N} y_i}{N\sum\limits_{i=1}^{N} x_i^2 - \left(\sum\limits_{i=1}^{N} x_i\right)^2} \tag{3-24}$$

$$B = \frac{\sum\limits_{i=1}^{N} x_i^2 \sum\limits_{i=1}^{N} y_i - \sum\limits_{i=1}^{N} x_i \sum\limits_{i=1}^{N} x_i y_i}{N\sum\limits_{i=1}^{N} x_i^2 - \left(\sum\limits_{i=1}^{N} x_i\right)^2} \tag{3-25}$$

参数求解效果如图 3-12 所示。

对于复杂的海面舰船红外图像,海天线位置坐标中存在的某些粗大点会影响海天线拟合,如图 3-12 所示,因此,可以采用基于 RANSAC 的方法进行直线拟合。

图 3-12　参数求解效果

2. 基于 RANSAC 的直线拟合方法

1)RANSAC 算法原理

模型参数估计方法,如经典的最小二乘法,可以根据某种给定的目标方程估计并优化模型参数以使其最大程度适应于所有给定的数据集。这些方法都没有

包含检测并排除异常数据的方法,它们都基于平滑假设:忽略给定的数据集的大小,总有足够多的准确数据值来消除异常数据的影响。但是在很多实际情况下,平滑假设无法成立,数据中可能包含无法得到补偿的严重错误数据,这时此类模型参数估计方法将无法使用。

假如给定 7 个点(坐标如表 3 - 1 所示),如何拟出一条最合适的直线段,使得所有的正确点到直线的距离最短,显然如图 3 - 13 所示,此时无法使用最小二乘法进行直线拟合。

表 3 - 1   数据点坐标

点	1	2	3	4	5	6	7
X	0	1	2	3	3	4	10
Y	0	1	2	2	3	4	2

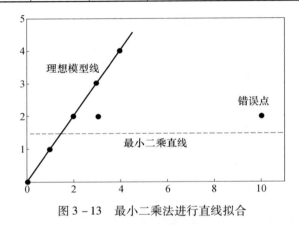

图 3 - 13   最小二乘法进行直线拟合

RANSAC 为 RANdom SAmple Consensus 的缩写,它是根据一组包含异常数据的样本数据集,计算出数据的数学模型参数,得到有效样本数据的算法,于 1981 年由 Fischler 和 Bolles 最先提出[18]。

RANSAC 算法的基本假设是样本中包含正确数据(Inliers,可以被模型描述的数据),也包含异常数据(Outliers,偏离正常范围很远、无法适应数学模型的数据),即数据集中含有噪声。这些异常数据可能由于错误的测量、错误的假设、错误的计算等产生。同时 RANSAC 也假设,给定一组正确的数据,存在可以计算出符合这些数据的模型参数的方法。

RANSAC 基本思想描述如下:

(1) 考虑一个最小抽样集的势为 n 的模型(n 为初始化模型参数所需的最小样本数)和一个样本集 P,集合 P 的样本数 $\#(P) > n$,从 P 中随机抽取包含 n

个样本的 P 的子集 S 初始化模型 M。

（2）余集 $SC = P\backslash S$ 中与模型 M 的误差小于某一设定阈值 t 的样本集以及 S 构成 S^*。S^* 认为是内点集，它们构成 S 的一致集（Consensus Set）。

（3）若 $\#(S^*) \geqslant N$，认为得到正确的模型参数，并利用集 S^*（内点，Inliers）采用最小二乘等方法重新计算新的模型 M^*；重新随机抽取新的 S，重复以上过程。

（4）在完成一定的抽样次数后，若未找到一致集则算法失败，否则选取抽样后得到的最大一致集判断内外点，算法结束。

由上可知存在两个可能的算法优化策略：

（1）在选取子集 S 时可以根据某些已知的样本特性等采用特定的选取方案或有约束的随机选取来代替原来的完全随机选取；

（2）当通过一致集 S^* 计算出模型 M^* 后，可以将 P 中所有与模型 M^* 的误差小于 t 的样本加入 S^*，然后重新计算 M^*。

2）计算直线参数

RANSAC 算法包括了 3 个输入的参数：

（1）判断样本是否满足模型的误差容忍度 t。t 可以看作为对内点噪声均方差的假设，对于不同的输入数据需要采用人工干预的方式预设合适的门限，且该参数对 RANSAC 性能有很大的影响。

（2）随机抽取样本集 S 的次数。该参数直接影响 SC 中样本参与模型参数的检验次数，从而影响算法的效率，因为大部分随机抽样都受到外点的影响。

（3）表征得到正确模型时，一致集 S^* 的大小 N。为了确保得到表征数据集 P 的正确模型，一般要求一致集足够大；另外，足够多的一致样本使得重新估计的模型参数更精确。

图 3 – 13 的 RANSAC 算法直线求解效果如图 3 – 14 所示，其中虚线表示"最小二乘方法"求解效果，直线表示"RANSAC 算法"求解效果。

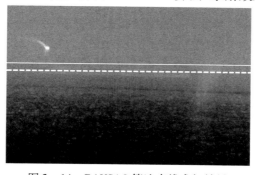

图 3 – 14　RANSAC 算法直线求解效果

为了提高直线的求解精度,可以采用野点剔除的方法对一些较为明显的错误点进行剔除优化,参见文献[19]。

3.4 基于 Hough 变换海天线提取方法

Hough 变换是利用图像全局特性而将边缘像素连接起来组成区域封闭边界的一种方法,是经典的直线检测方法之一。

3.4.1 Hough 变换

Hough 变换的基本原理在于利用点与线的对偶性,将原始图像空间给定的曲线通过曲线表达式变为参数空间的一个点。这样就把原始图像中给定曲线的检测问题转化为寻找参数空间中的峰值问题,即把检测整体特性转化为检测局部特性。

考虑到直角坐标系不能表示所有形式的直线,这里所采用的是极坐标系。图像空间与参数空间的映射关系为

$$\rho = x\cos\theta + y\sin\theta \qquad (3-26)$$

式中 ρ——原点到直线的距离;

θ——该直线的法线与 x 轴的夹角,$\rho \geqslant 0,0 \leqslant \theta \leqslant \pi$。参数 ρ 与 θ 确定一条唯一的直线,如图 3-15 所示。

上式约束了由参数 (ρ,θ) 确定的直线 L 上的任意一点 (x_i,y_i),反之,也可理解为直线 L 上任一确定点 (x_i,y_i) 的选择约束了 ρ 与 θ 的变化,这就是点 - 曲线变换。

可见图像空间的直线 L 的 Hough 变换在参数空间 (ρ,θ) 是一个点,而图像空间直线 L 上的点 (x_i,y_i) 的 Hough 变换在参数空间是一条正弦曲线,参见图 3-16。

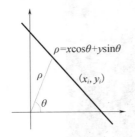

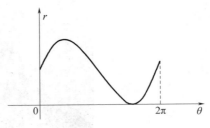

图 3-15 图像空间与参数空间的映射关系   图 3-16 直线 L 的参数 (r,θ) 表示

因此,由给定的图像空间的两点映射的两条 $\rho-\theta$ 曲线在参数空间相交的公共点确定了原图像空间两点所表示的直线 L 的参数,参见图 3-17。

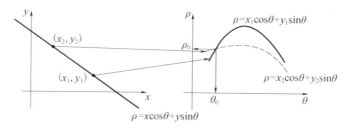

图 3-17　图像空间与极坐标空间的对应关系

对于 n 个给定图像点的集合得到 n 条 $\rho-\theta$ 曲线,多数曲线相交在 (ρ',θ'),则与这些相交参数曲线对应的图像空间的点可用直线 L 来拟合,直线 L 的参数为 (ρ',θ')。如果对给定点集合在 (ρ',θ') 空间存在 j 个参数曲线相交点 (ρ_i,θ_i),那么这些相交点 (ρ_i,θ_i) 对应着图像空间所存在 j 条直线段。因此 Hough 变换不仅能给出线段的参数,而且能给出线段的数目。

经典 Hough 变换的方法是将 $\rho-\theta$ 空间量化为许多小格,每一个格是一个累加器,对每一个 (x_i,y_i) 点,将 θ 的量化值逐一代入式(3-26),计算出对应的 ρ,所得的结果值(经量化)落在某个小格内,便使该小格的累加器加 1,即“投票”。当完成全部 (x_i,y_i) 变换后,对所有累加器的值进行检验,票数多的小格对应于参数空间 (ρ,θ) 的共线点,其 (ρ,θ) 是图像空间的直线拟合参数。得票少的各小格一般反映非共线点,丢弃不用。这种“投票”方法体现了 Hough 变换抗干扰的鲁棒性。

从上面讨论可以看出,若对 ρ 和 θ 量化过细,则计算量增大;反之,若对 ρ 和 θ 量化过粗,则参数空间的集聚效果差,找不到准确描述图像空间直线的 ρ 和 θ 参数。因此,在应用 Hough 变换时,应根据实际情况选取合适的量化值。

如果图像空间各点 (x_i,y_i) 的梯度方向已知,在寻求直线边缘时,可在点 (x_i,y_i) 的梯度方向的一定范围对 θ 精细量化,其他 θ 角则粗量化,这样可提高检测直线方向角的精度,又不致增加总的量化小格数。

3.4.2　基于加权信息熵的海天线提取算法

基于 Hough 变换的海天线提取方法是比较早期的一类方法,人们进行了广泛的研究[1,4,15],这里将通过引入基本 Hough 变换方法来逐步改进、优化 Hough 方法,以实现海天线的提取。

1. 基于 Hough 变换的海天线提取基本算法

基本的 Hough 变换法,首先是对原图像进行噪声消除、边缘检测的预处理,然后采用最大类间方差法(OTSU)二值化图像,最后采用 Hough 变换提取出直线,算法步骤如下。

(1)图像的预处理:采用 3×3 的中值滤波去除图像中的峰值噪声(主要是雨、雪的椒盐噪声)。

(2)边缘检测:采用 Laplacian – Guass 算法检测出图像边缘。

(3)OTSU 算法二值化图像,利用 OTSU 算法计算图像的自适应阈值,将图像分为差距最大的两个部分。

(4)Hough 变换拟合直线。

我们通过两组实验来验证该方法,实验结果如图 3 – 18 所示。图 3 – 18(a)为对比度明显且噪声较少的图像经过边缘检测和 OTSU 二值化后,天空与海面区域的信息已明显减少,图像只留有海天线区域的信息,因此通过 Hough 变换能很好地检测出海天线。

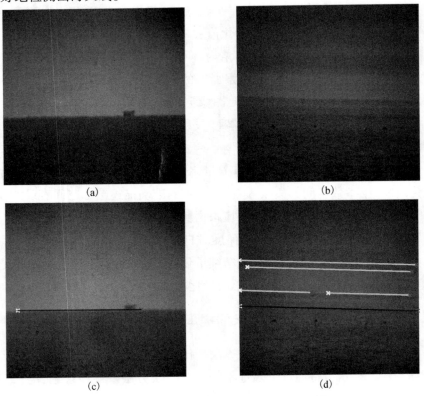

图 3 – 18　实验检测效果图

由于图 3 – 18(b)为对比度不明显、天空和海面出现分层且海面有物体噪声的图像,天空以及海面分层较多,经过高斯去噪和边缘检测后,海天线区域的信息丢失很多,但海面区域仍有较多层次清晰的干扰信息,所以最后提取了较多的错误直线。

通过实验证明,复杂的海天背景图像中,由于云层和海杂波较多,且海天线区域对比度较低,图像中不存在明显灰度差异或灰度值范围有较大重叠,利用 OTSU 算法很难得到一个较好的分割效果。因此该方法只适用于简单的海天背景图像,对复杂的、多噪声的、对比度较弱的图像该方法就严重失效了。

2. 基于加权信息熵的海天线提取算法

Peng Wang[13]的加权信息熵能够反映图像的整体复杂特性,因此可以被用作衡量图像整体复杂程度,详细算法步骤如下。

（1）计算图像的整体复杂度:利用式(3 – 4),得到图像的加权信息熵 W,W 值越大,说明该图像越复杂,图像所含信息越多;W 值越小,图像越简单。由此可以得到一个图像复杂与否的衡量指标。

（2）图像二值化:根据得出的加权信息熵,将图像分为两种不同的类型,然后根据分类对图像二值化。由于海天背景图像的天空和海面的灰度信息不同,因此可以通过计算分割出海面区域或天空区域,但由于受成像影响,天空区域会与海面区域的灰度值靠近,因此需要根据图像的复杂程度,找到一个合适的二值化阈值来分割。

在本节试验中,选取阈值 T 作为边界值,如果图像的加权信息熵 W 大于 T,则选取阈值 B,否则选取阈值 S。

（3）计算边缘:选取抗噪性较好的 Canny 边缘检测算子计算二值化后的图像边缘。

（4）拟合海天直线:利用 Hough 变换拟合海天直线。

详细实验分析结果,参见文献[15]。

3. 4. 3　基于 LBP 的海天线提取算法

上节 Peng Wang 的加权信息熵虽然能够反映图像的整体复杂特性,但对于"对比度不明显、天空和海面出现分层且海面有物体噪声"一类的图像（图 3 – 19）,阈值则难以确定。因此,为了能够较好地表征图像局部信息,把图像海天两部分分割开来,本节引入 LBP 方法（参见 3. 2. 3 节）,通过计算图像 LBP 值,构建 LBP 矩阵,再通过 Hough 变换解算海天线的位置,详细算法步骤如下。

（1）图像预处理：依据图像海天特性中，天空部分较为平坦，而海面部分纹理较细，所以，在求解局部 LBP 值之前，先对图像做区域预处理，即邻域内方差大于一定范围，即可认定为海面；反之，则被认定为天空。预处理效果如图 3 - 20 所示。

（2）计算图像纹理：计算图像 LBP 值（见式（3 - 10）），得到图像 LBP 矩阵，由此可以得到图像纹理细节。

（3）图像二值化处理：对图像 LBP 矩阵进行二值化处理，效果如图 3 - 21 所示。

（4）计算边缘：选取抗噪性较好的 Canny 边缘检测算子计算二值化后的图像边缘，效果如图 3 - 22 所示。

（5）拟合海天直线：利用 Hough 变换解算海天直线。实验分析结果如图 3 - 23 所示。

图 3 - 19　原图

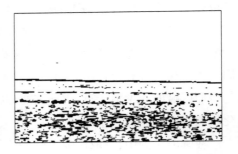

图 3 - 20　LBP 矩阵图像（经过方差处理）

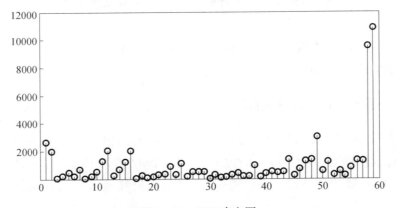

图 3 - 21　LBP 直方图

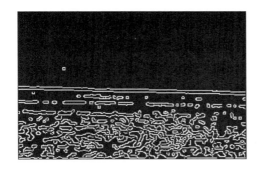

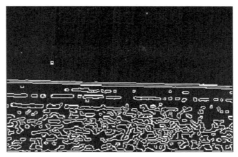

图 3 - 22　边缘检测图　　　　　　　　图 3 - 23　海天线检测效果

3.4.4　性能分析

本节参照文献[4],通过 Matlab 仿真平台对 6 种不同特性的海天背景图像进行仿真试验,其中,(a)组:对比度明显且噪声较少;(b)组:对比度明显但天空有大量云层;(c)组:对比度不明显但噪声较少;(d)组:对比度不明显且海面杂波稍多;(e)组:对比度不明显且海面杂波较多;(f)组:对比度不明显、天空和海面出现分层且海面有物体噪声,图像大小皆为 200×200。试验结果如图 3 - 24 所示。

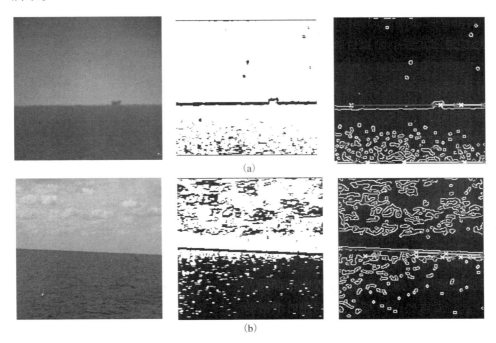

(a)

(b)

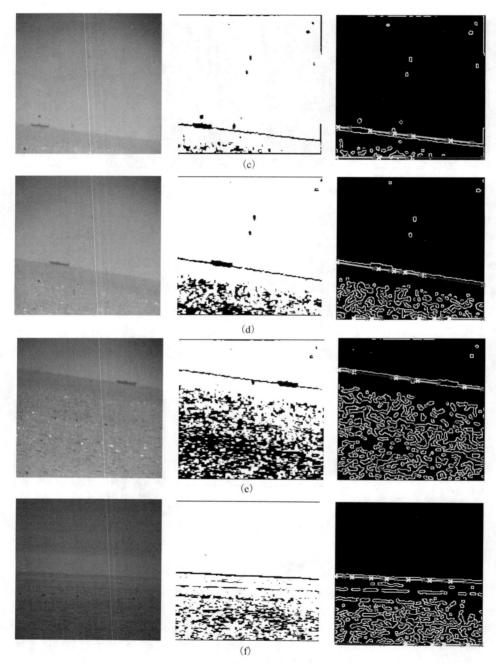

图 3 - 24　基于 LBP 的 Hough 变换海天线提取算法实验结果

（a）对比度明显且噪声较少；（b）对比度明显但天空有大量云层；

（c）对比度不明显但噪声较少；（d）对比度不明显且海面杂波稍多；

（e）对比度不明显且海面杂波较多；（f）对比度不明显、天空和海面出现分层且海面有物体噪声。

　　6 组试验图像中,左列是原图,中间列是对原图进行 3×3 的邻域内方差后,求解 LBP 矩阵得到,可以看出已经具有良好的海天区分性。右边列是利用 Hough 变换解算海天线结果,其中粗线即为所提取的海天线。可见本节算法能提取出多种情况下的海天线,适应性好,鲁棒性较强。

3.5　本 章 小 结

　　海天线检测是海面舰船目标检测的基础,有着重要的军事价值和意义,为了能够提取复杂海天背景下的海天线,本章在分析海天背景图像特性的基础上,重点研究了基于区域特性的海天线提取和基于 Hough 变换海天线提取两类方法。

　　3.3 节重点研究了具有复杂背景噪声的海天图像特性,通过中值滤波、对比度扩展、非线性分割等方法提高海天图像前、背景特性,然后,通过方差分析、梯度分析等方法剥离海天区域,最后采用最小二乘以及 RANSAC 直线拟合方法确定海天线参数。

　　3.4 节重点研究分析了两类基于 Hough 变换的海天线提取方法,包括基于加权信息熵的 Hough 变换海天线提取算法和基于 LBP 的 Hough 变换海天线提取算法,并通过详细的实验进行了方法论证。相关研究方法对于实现海天线检测具有重要的应用价值。

参 考 文 献

[1] 吕俊伟,王成刚,周晓东,等. 基于分形特征和 Hough 变换的海天线检测算法[J]. 海军航空工程学院学报,2006,21(5):545 – 550.

[2] 牛照东,曾荣盛,陈曾平. 利用局部直线段模糊投票的低 SNR 海天线提取方法[J]. 信号处理,2010,26(3):405 – 413.

[3] 刘松涛,周晓东,王成刚. 复杂海空背景下鲁棒的海天线检测算法研究[J]. 光电工程:2006,33(8):5 – 10.

[4] 董月芳,张云峰,刘扬,等. 基于相位编组的 Hough 变换提取海天线算法[J]. 液晶与显示,2010(12).

[5] 谢红,刘玲,刘艳. 复杂海天线区域检测算法研究[J]. 应用科技,2006,33(6):96 – 98.

[6] 张淑艳. 海天背景下弱小目标实时捕获跟踪研究[D]. 北京:中国科学院研究生院,2006.

[7] 杨家红,李翠红,危德益,等. 基于复杂海空背景行均值曲线的海天线定位算法[J]. 激光与红外,2012,42(12):1346 – 1350.

[8] 邹瑞滨,史彩成,毛二可. 基于剪切波变换的复杂海面红外目标检测算法[J]. 仪器仪表学报,2011,

32(5):1103 - 1109.

[9] 温佩芝,史泽林,等. 基于小波变换的复杂海面背景红外小目标检测[J]. 激光与红外,2003,33(6):
449 - 452.

[10] 桂阳,李立春,王鳃鹏,等. 基于区域方差和 RANSAC 的海天线检测新方法[J]. 激光与红外,2008,
38(11):1149 - 1151.

[11] 王兵学,雍杨,霍义华,等. 基于纹理特征分析的海天线检测方法[J]. 红外技术,2013,35(1):
42 - 46.

[12] Lei Yang,Jie Yang,Jianguo Ling. New criterion to evaluate the complex degree of sea – sky infrared back-
grounds[J]. Optical Engineering,2005,44(12).

[13] Peng Wang. Locating Sea – sky Line in Infrared Image Based on Complex Degree Calculation[J],Proc. of
SPIE Vol. 7494,7494P.

[14] FENG Tao,ZHOU Zu – an,LIU Qi – zhen. Analysis of the Image Transition Region Processing Based on Lo-
cal Complexity[J]. Journal of Image and Graphics. 2008,13(10):1894 - 1897.

[15] 董月芳. 海天背景下海天线定位及目标跟踪算法研究[D]. 北京:中国科学院研究生院,2010.

[16] 李加佳,彭启民. 适应光照突变的运动目标检测算法[J]. 计算机辅助设计与图形学学报,2012,24
(11):1405 - 1409.

[17] 吴滢跃,汤心溢,刘士建,等. 一种基于图像分割的海天线提取算法[J]. 红外技术,2012,34(10):
584 - 587.

[18] Fischler M A,Bolles R C. Random Sample Consensus:Aparadigm for Model Fitting with Applications to Im-
age Anal ysisand Automated Cartography. Communications of the ACM,24(6):381 - 395,1981.

[19] 时磊,赵军,叶宗民. 一种基于直线拟合法的新的海天线检测方法[J]. 红外,2011,32(8):25 - 28.

第 4 章　舰基图像多参量运动估计

第4章　舰基图像多参量运动估计

4.1　引　言

　　光电成像系统的成像传感器以及系统载体的运动模式通常包括平移(水平、垂直)、旋转、缩放4个参量。根据系统的运行特点,基于两轴平移加上缩放的三参量变换模型是一种非常重要的运动状态,它不但简化了系统参数的解算维数,还能够保证在通常状况下参数估计结果的准确性[1,2]。

　　简化的三参数模型可以表示为:以图像的中点作为原点,假设某像素相对于图像中点的运动前坐标为(x_1,y_1),运动后坐标为(x_2,y_2),则三参数运动模型可表示为

$$\begin{pmatrix} x_2 \\ y_2 \end{pmatrix} = \begin{pmatrix} t_x \\ t_y \end{pmatrix} + S \cdot \begin{pmatrix} x_1 \\ y_1 \end{pmatrix} \tag{4-1}$$

式中　S——摄像机的变焦(缩放)系数;

　　(t_x, t_y)——摄像机运动时相对于x和y轴的平移分量。

　　该模型与文献[1]中四参数模型的区别在于:文献[1]使用了2个参数来分别度量x轴和y轴的缩放系数,而本书的模型仅使用1个参数来描述变焦系数。这是由于摄像机的变焦沿光轴进行,表现在x和y方向上的缩放系数应该是一致的,因此新模型用一个参数同时描述x轴和y轴的缩放系数。在这种情况下,新模型的参数数目虽然进一步减少,但依然可以保证必要的精度。

　　目前,对于三参数刚性模型的求解,多是采用基于光流的方法求解[2,3],但是,不适定性以及迭代运算等算法瓶颈,依然是研究的难点,全局运动参数估计错误以及计算速度缓慢等是目前存在的主要问题。相比之下,传统灰度投影算法因其原理简单、计算效率高、实时性好等特点早已成熟用于平移参数的求取,并广泛应用于电子稳像、视频编码等领域[5-12]。但现有的灰度投影算法只能实现二维平移运动参数估计,不能处理具有缩放变换的刚性模型的运动估计。

所以,为了延拓灰度投影算法计算时间上的优越性能,解决传统投影方法无法估计序列图像缩放参数的问题,本章首先提出了两种新的基于灰度投影算法的三参量运动估计算法,从而实现了包括缩放在内的三参量的快速求取。

基于三参量模型的运动估计方法虽然可以解出通常状况下的图像运动状态,但是,却无法替代四参量运动估计模型,因为,旋转变换是自然界中重要的运动方式之一,它真实地存在于我们的日常生活之中,如摇摆、翻滚以及载体旋转等,这些运动都会带来传感器成像的角度变化,所以,对于包含旋转变换的四参量运动模型的研究有着重要的意义。本章在4.3节和4.4节两部分,又针对四参量运动模型,提出了两种解算方法。

基于特征的运动估计方法和基于光流的运动估计方法,各有优缺点:基于光流的方法只依赖于图像灰度值的变化,不需要进行图像间的匹配,但对图像噪声敏感,计算速度慢;基于特征的方法对噪声不太敏感,且计算速度快,但图像间的特征匹配一直是研究的难点。为了综合特征法和光流法的优良性质,人们将两种方法结合起来,提出了特征光流的思想。

基于特征光流的运动参量求解的基本思想是通过序列图像的特征匹配计算图像的光流场[15],通过光流聚类[16]来实现目标与背景的分离;通过提取光流类的形状信息[17]来进行特征目标的自动识别;通过目标角点的匹配来实现运动参量的求解。该方法的优点是:图像匹配过程进行的是目标角点的匹配,具有相对较小的计算量,适用于跟踪快速运动及较大目标;利用特征光流聚类及目标形状信息可实现目标的正确分离与识别,适用于多目标跟踪。

傅里叶变换对于包含旋转在内的四参量刚性模型的求解有着重要的应用(理论)意义,但是,传统基于相位相关的平移参数求解技术,由于算法复杂度较高,明显制约了傅里叶变换方法的实际应用,为此,作者研究了傅里叶谱的灰度投影算法。将二维谱信息分别投影到直角坐标系下的两个坐标轴上,从而将二维相位相关转化为一维矢量的解相关。由于降维技术的使用,大大降低了算法的复杂度,减少了系统的运行时间,有利于系统的工程实用化。

同时,由于基于特征的运动估计方法和基于光流的运动估计方法各有优缺点,提出了多分辨率双向迭代的特征光流算法,首先在低分辨率层求解出特征光流场概略运动矢量,然后采用特征空间匹配策略做相应特征点匹配处理,将得到的精确运动矢量用作下一步的光流场计算。这种算法流程具有计算量小、特征点匹配精度高的特点,特别适用于自然图像序列(视频)的处理。

4.2 基于灰度投影的三参量运动估计

投影算法最早应用在光学字符识别中,由于能实现实时计算,得到不断改进。原理是把图像按行和列分别向 x 方向和 y 方向进行投影,各形成一个投影矢量,然后,在各自方向上匹配投影矢量,确定图像偏移量。

4.2.1 灰度投影原理

4.2.1.1 理论基础

1. 行、列灰度投影

对于输入的图像序列中的每一帧图像经过滤波预处理后,把其灰度值映射成两个独立的一维波形,即把二维图像信息用两个独立的一维信息来表示。其投影公式可表示为

$$\begin{cases} G_k(j) = \sum_i G_k(i,j) \\ G_k(i) = \sum_j G_k(i,j) \end{cases} \tag{4-2a}$$

式中 $G_k(j)$——第 k 帧图像第 j 列的灰度投影值;

$G_k(i)$——第 k 帧图像第 i 行的灰度投影值;

$G_k(i,j)$——第 k 帧图像上 (i,j) 位置处的像素灰度值。

如图 4-1 所示,其中图(a)为参考帧图像,图(b)为图(a)的行投影曲线。

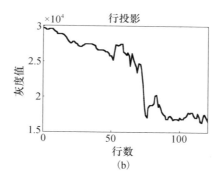

(a)　　　　　　　　　　　　　　(b)

图 4-1 原图及灰度投影曲线

为了消除由于光照不同造成的相关误差,需对投影矢量做均值归一化处理。首先预先求取投影矢量的均值,再对式(4-2)做如下修改:

$$\begin{cases} G_k(j) = \sum\limits_i G_k(i,j) - E \\ G_k(i) = \sum\limits_j G_k(i,j) - E \end{cases} \qquad (4-2b)$$

式中　E——图像总体灰度值的均值。

2. 位移相关检测

将第 k 帧图像的行、列灰度投影曲线与参考帧图像的行、列灰度投影曲线做互相关计算,根据两条相关曲线的谷值即可确定当前帧图像相对于参考帧图像的行、列位移矢量值。下式为进行列相关运算的计算公式:

$$G(w) = \sum_{j=1}^{cl} \left[G_k(j+w-1) - G_r(m+j) \right]^2, 1 \leqslant w \leqslant 2m+1 \qquad (4-3)$$

式中　$G_k(j)$、$G_r(j)$——分别为第 k 帧和参考帧第 j 列的灰度投影值;

cl——选取匹配矢量的长度;

m——位移矢量相对于参考帧在一侧的搜索宽度。

设 W_{min} 为 $C(w)$ 最小时 w 的值,则第 k 帧图像相对于参考帧图像在垂直方向的位移矢量为

$$\delta_c = m+1 - W_{min} \qquad (4-4)$$

同理可以求出水平方向的位移矢量。

4.2.1.2　相关应用讨论

在实际的应用中,由于各种现实问题的存在,例如:成像内含有小目标移动物体,相关效率低下以及单一的相关检测无法满足匹配要求等,必须对投影法进行修正。

1. 被摄景物中有移动小目标

由于要获取的图像运动矢量是摄像机与景物之间的运动矢量,这里的景物对于小目标物体来讲就是背景,也就是求取的运动矢量是摄像机相对于背景的,而不是相对于小目标移动物体的运动矢量。目标移动时会使图像的灰度发生变化,进而使图像灰度投影曲线的形状发生变化(图 4-2),如果仍然采用原图像的灰度曲线做相关运算,将无法获得最佳相关值。

文献[9]中提出一种解决策略:将图像平均划分成 4 个区域,对每一区域图像分别采用灰度投影算法计算图像运动矢量,因为是小目标,所以它只能影响一个或两个区域运动矢量的求取,而剩下的区域的投影曲线应有最大相关值且求取的图像运动矢量应相等或相近,并以此作为图像运动矢量(图 4-3)。实际上,经过作者理论证明和实验验证,这种解决方案是不可行的,这是因为:

假设相邻帧 x 轴方向偏移量为 Δx,y 轴方向偏移量为 0,图像大小为 $N \times N$,

图 4 - 2　存在移动小目标的相邻两帧图像

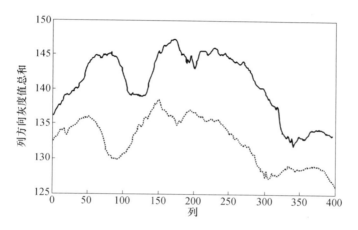

图 4 - 3　图 4 - 2 的整体投影矢量

并设定 $g(i,j)$ 为图像 (i,j) 处的像素灰度,则偏移后的列投影矢量:

$$G_2(i) = \sum_{j=1}^{N-\Delta x} g_1(i,j) + \left(\sum_{j=1}^{\Delta x} g_1(i,j) - \sum_{j=1}^{\Delta x} g_2(i,j) \right) \qquad (4-5)$$

相关性:

$$R(i) = \frac{G_2(i)}{G_1(i)} = \left(\sum_{j=1}^{N-\Delta x} g_1(i,j) + \left(\sum_{j=1}^{\Delta x} g_1(i,j) - \sum_{j=1}^{\Delta x} g_2(i,j) \right) \right) \Big/ \sum_{j=1}^{N} g_1(i,j)$$

$$= 1 - \frac{\sum\limits_{j=1}^{\Delta x} g_2(i,j)}{\sum\limits_{j=1}^{N} g_1(i,j)} \qquad (4-6)$$

所以有:当 N 相对于 Δx 越大时,相关性越强;反之,当 Δx 一定时,N 越大,相关性越强。如果把图像分割为 4 块,则有,$N_{\text{new}} = N/2$,而 Δx 不变,这样,就会大大弱化整体图像的相关性,见图 4 - 4。可以清晰地看到,由于分割的原因,其中两个子块的投影矢量的相关性已经很弱化了。

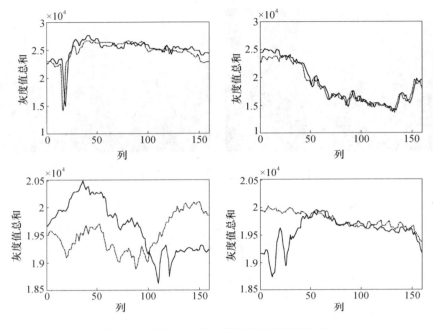

图 4 - 4　图 4 - 2 轴向等分割后的投影矢量

　　我们将在第 7 章详细讲述小目标的消除方法,这里只给出一个简易的策略。通过图 4 - 3 可以看到,小物体的存在只是增加了投影矢量的扰动,可以把它作为噪声处理,这样,增加一个平滑滤波器,做平滑预处理。设定投影矢量为 $\boldsymbol{G}$,平滑滤波器为 $\boldsymbol{F}$,则有

$$\boldsymbol{G}_{\mathrm{new}} = \boldsymbol{G} \otimes \boldsymbol{F} \tag{4 - 7}$$

其中,符号 $\otimes$ 表示卷积。

　　2. 快速搜索

　　传统灰度投影算法在求取行、列的位移矢量时,采用的是全局搜索算法 (FS),即搜索宽度内所有的点都需要进行一次互相关运算(见式(4 - 3))。以搜索宽度内一点所做的互相关计算量为一个运算单位,则检测两幅图像的帧间运动矢量所需的运算量为 $2m + 2l + 2$,其中 m 为设定的行搜索宽度,l 为设定的列搜索宽度。采用该种全局搜索算法寻找最佳匹配点,计算量大、耗时长。

　　为了进一步简化算法的复杂度,提高计算速度,我们提出了一种三点局域自适应搜索算法(3PS)代替全局搜索算法。

　　如图 4 - 5 所示,这里以搜索宽度 m 等于 7 为例,说明该搜索算法的步骤。

　　在有效搜索范围内(这里是 $2 \times 7 + 1 = 15$),均匀选取 3 个点,计算这 3 个点

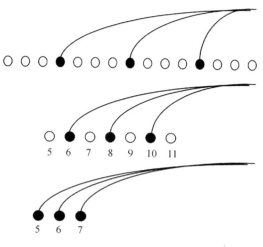

图 4-5 三点局域自适应搜索

处的 $C(w)$ 值,找到 $C(w)$ 值最小的点。这里设找到的最小值点是第 8 个点。

以找出的最小值点(8)为中心,在 $(m-1)/2$ 的搜索宽度内均匀选取 3 个点,计算这 3 个点处的 $C(w)$ 值,找到 $C(w)$ 值最小的点。这里设找到的最小值点是第 6 个点。

以找出的最小值点(6)为中心,在 $((m-1)/2-1)/2$ 的搜索宽度内均匀选取 3 个点,计算这 3 个点处的 $C(w)$ 值,找到 $C(w)$ 值最小的点。则该点即是所要求的相关值为最小时的匹配点 $W_{\min}$。

该搜索算法是利用 $C(w)$ 分布的单峰性特点,在搜索过程中自动判断 $C(w)$ 可能减小的方向,并相应调整搜索的参数,在提供较好搜索性能的同时,显著地减小了搜索的运算量,缩短了搜索时间。在搜索宽度为 2^n-1 时,所需运算量为 $n \times 3$,而全局搜索算法的运算量为 $2^{n+1}-1$。随着搜索宽度的增大,3PS 搜索算法的速度优势越明显。

除此之外,文献[10]介绍了一种用于提高特征分辨率的灰度投影数据细化方法,结合相关运算,可以获取亚像元级的运动量,从而提高灰度投影算法的计算精度。

4.2.2 对数参量估计

当图像经过缩放以后,投影矢量会跟着缩短或者拉伸,即矢量的尺度发生了变化,这时不能采用通常的矢量相关技术进行求解,本章在分析投影矢量特性的基础上,提出了对数空间求解的方法。

4.2.2.1 矢量缩放特性

投影原理同式(4-1),设图像缩放后的投影矢量为 $\boldsymbol{G}_k$,参考帧的投影矢量为 $\boldsymbol{G}_r$。假设缩放因子为 a(这里假设为放大),则

$$\boldsymbol{G}_k(j') = \left[1 - \frac{a-1}{a}\right] \cdot \boldsymbol{G}_r(j) + n(a, \boldsymbol{G}_r(j)) \tag{4-8}$$
$$= a^{-1}\boldsymbol{G}_r(j) + n(a, \boldsymbol{G}_r(j))$$

式中 $n(a, \boldsymbol{G}_r(j))$——由缩放引起,与 a 和 $\boldsymbol{G}_r(j)$ 相关的噪声,参考图 4-6、图4-7。

图 4-6 图像缩放变换

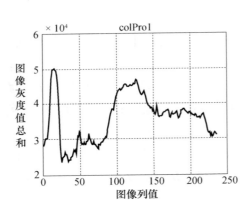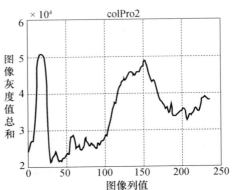

图 4-7 图 4-6 的投影矢量

放大后投影矢量 $\boldsymbol{G}_k$ 与参考帧的投影矢量 $\boldsymbol{G}_r$ 的误差为

$$\Delta = \boldsymbol{G}_r(j) - \left[a^{-1}\boldsymbol{G}_r(j) + n(a, \boldsymbol{G}_r(j))\right] \tag{4-9}$$
$$= (1 - a^{-1})\boldsymbol{G}_r(j) - n(a, \boldsymbol{G}_r(j))$$

进行运动估计时,由于相邻两帧图像相差很小,在变焦距过程中,可以认为 $0.7 < a < 1.3$,经过大量试验检测,上述误差在算法容许范围之内,$G_k(j') \approx G_r(j)$。所以,可以近似认为:经过滤波之后,对应列

　　$G_k(j') = G_r(j)$,而且具有如下特点:

　　若:$\forall |i' - j'| = a|i - j|$,且:$G_k(i') = G_r(i)$

则有:$G_k(j') = G_r(j)$。

4. 2. 2. 2　矢量对数变换

1. 对数变换的降维理论

为了消除由于缩放引起的矢量伸缩,根据缩放下投影矢量特性,采用对数变换方法,将投影矢量映射到新的对数空间,即

若 $G_1(x) = G_2(ax)$,则 $G_1(\lg x) = G_2(\lg(ax))$

$$\Rightarrow G_1(\lg x) = G_2(\lg x + \lg a)$$

$$\Rightarrow G_1(y) = G_2(y + b) \tag{4-10}$$

其中,$y = \lg x$,$b = \lg a$,这样矢量的伸缩就被转化成平移,再根据原理式(4-3),对变换后的矢量进行相关运算,求得偏移量 b,则

$\lg a = b$,即 $a = (\text{base})^b$,其中,base 表示对数的底,为了降低变换后矢量的非线性畸变,选取 base $= \sqrt{2}$。

2. 对数变换的顶点问题

根据式(4-10)虽然可以推出上文的结果,但是,因为存在平移变换的原因,投影变换生成的投影矢量的起始点并不一致,并由此会带来求解错误,我们称之为对数变换的顶点问题。

设 x_1、y_1 分别为做相关的两个投影矢量的起始点,且,$y_2 = ax_2$,则

（1）如果

$$G_1(x_1) = G_2(y_1)$$

则根据上文,有

$$G_1(x_2) = G_2(ax_2)$$

$$G_1(\lg x_2) = G_2(\lg a + \lg x_2) \tag{4-11}$$

（2）如果

$$G_1(x_1) = G_2(y_1 + b)$$

则有

$$G_1(x_2) = G_2(ax_2 + b)$$

$$G_1(\lg x_2) = G_2\left(\lg a + \lg\left(x_2 + \frac{b}{a}\right)\right) \tag{4-12}$$

由于变换后,两个相关矢量仍是非线性关系,所以并不能通过平移检测出缩放参数,这就是所谓的起始点不一致,如图4-8所示。

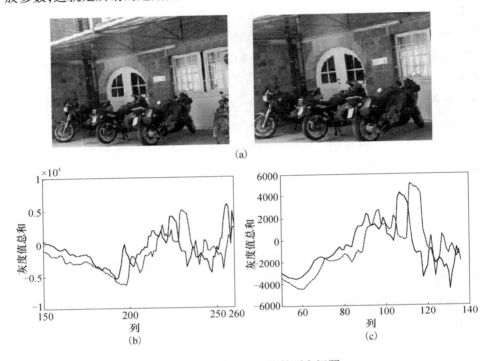

(a)

(b)

(c)

图4-8 对数投影变换的顶点问题

(a)图像缩放变换;(b)顶点不一致下的对数投影变换;(c)顶点一致下的对数投影变换。

图4-8(b)显示了对数变换后,对应点坐标仍然满足非线性关系,而图4-8(c)的坐标则为线性关系。

为了解决对数变换的顶点问题,必须要进行初始点的相关匹配。可以通过多种途径实现,下文的极值点方法是一种良好的选择。

4.2.3 极值参量估计

上节描述了基于对数映射的参数估计原理,为了简化算法,降低算法负担,我们研究了基于极值特征空间匹配的参数估计原理,并且通过实验对比分析两种算法的精度以及实用性和适用性。

4.2.3.1 构建极值空间

为了解算图中两个投影曲线的映射关系,我们通过提取投影曲线的极值点,并综合极值点位信息,构建极值特征空间,最后建立空间匹配准则,实现对应极值点的匹配。

同上,设定 $G(x)$ 为投影曲线,则极值点可以通过下面公式求得:

$$\begin{cases} G'(x) = 0 \\ G'_1(x) * G'_2(x) < 0 \end{cases} \text{其中,} \begin{cases} G'_1(x) = G'(x) \mid x > 0 \\ G'_2(x) = G'(x) \mid x < 0 \end{cases}$$

"噪声"的存在,会对曲线产生扰动,影响极值点的正常匹配,因此,我们引进高斯平滑滤波器 S_σ 对投影曲线进行平滑预处理:

$$G(x) = G(x) \otimes S_\sigma \qquad (4-13)$$

根据离散函数的极值求取方法,如果点 $P(x)$ 满足

$G(x) > G(x-1)$ 同时,$G(x) > G(x+1)$　（极大值点）

或者

$G(x) < G(x-1)$ 同时,$G(x) < G(x+1)$　（极小值点）

则认为 $P(x)$ 是极值点。其中,$P(x)$ 代表位于曲线坐标为 x 的一个点,该点的灰度值为 $G(x)$,见图 4-9。

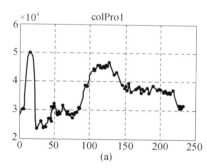
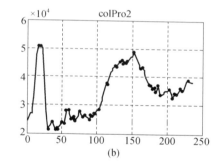

图 4-9　投影矢量的极值点检测

为了增加特征点点位特征,我们综合了极值点位信息,构建极值特征空间:

$$[p(x), G(x)]$$

曲线极值点域 $\{[p(x), G(x)]_1, [p(x), G(x)]_2, \cdots, [p(x), G(x)]_k\}$

4.2.3.2　空间匹配准则

为了确定匹配关系,分别建立距离准则和能量准则。

1. 距离准则

设 $L(k) = p(x_k) - p(x_{k-1}), (k > 1)$ 为相邻极值点坐标间距,而且有

$$L_1(k) = S \cdot L_2(m) \qquad (4-14)$$

式中:$L_1(k)$、$L_2(m)$ 分别为对应极值点间距;S 为缩放比例。则存在

$$N(k,m) = \frac{L_1(k+1)}{L_1(k)} = \frac{s \cdot L_2(m+1)}{s \cdot L_2(m)} = \frac{L_2(m+1)}{L_2(m)} \qquad (4-15)$$

即映射点坐标间距比值不变。

2. 能量准则

根据4.4.1节对"噪声"扰动的分析,可以确定"噪声"的影响程度,即

$$\Delta = \boldsymbol{G}_r(j) - \left[a^{-1}\boldsymbol{G}_r(j) + n(a, \boldsymbol{G}_r(j)) \right]$$
$$= (1 - a^{-1})\boldsymbol{G}_r(j) - n(a, \boldsymbol{G}_r(j)) \tag{4-16}$$

进行运动估计时,由于相邻两帧图像相差很小,可以近似认为 $\boldsymbol{G}_1(k) \approx \boldsymbol{G}_2(m)$,其中,$m$、$k$ 代表相对应的极值点。这样,就可以在一定的误差控制下,利用能量准则对匹配的极值点进行校正。

4.2.3.3 算法流程

(1) 根据式(4-2),生成相邻帧的投影矢量 $\boldsymbol{G}_1(k)$,$\boldsymbol{G}_2(m)$。

(2) 对投影矢量进行平滑预处理。

(3) 求取极值点,并生成极值点域。

(4) 根据距离准则,建立两个点域的初匹配。

(5) 依据能量准则对步骤(4)生成的匹配点对进行校正。

(6) 判断步骤(5)校正的结果,如果符合误差容限,则认为匹配正确,继续;如果不符合要求,则修改不良极值点,转向步骤(4)。

(7) 根据求得的极值点对,依据式(4-14)计算缩放比例系数 S。

(8) 最后将 S 代入原投影曲线,根据相关性,检测出偏移量。

4.2.4 性能分析

实验时选取大量的视频序列,包括真实的自然图像对和人工合成图像序列,都取得了较好的效果,在实现实时计算的同时,算法的精度达到了理想的要求。实验环境为 P4 2.6GHz 主频、DDR 512MB 内存、Windows 操作系统,算法语言为 Matlab 7.0。图4-10(b)、(c)两幅图像是以静止图像为模板合成的测试序列,图像大小 256×256,合成参数如表4-1所列,图(d)、(e)是真实拍摄的两幅图像,缩放参数未知。图4-11是自然图像对变换前后行投影矢量特性曲线。

实验选用了 Keller[13] 法以及 Reddy[14] 法作为参照算法。对数映射方法(LOG)的灰度投影部分的算法复杂度为 $\leqslant \frac{1}{2}(\log_2^2(N+1))$ 次乘法与 $\leqslant 2N^2 + 2(\log_2^2(N+1))$ 次加法,而相位相关算法具有 $O(N^2\log_2 N)$ 次复数乘和复数加法,这里不计两种算法作对数极坐标变换在维数上的差异,并忽略了比较、取绝对值等操作,减法归入加法统计,除法归入乘法统计。

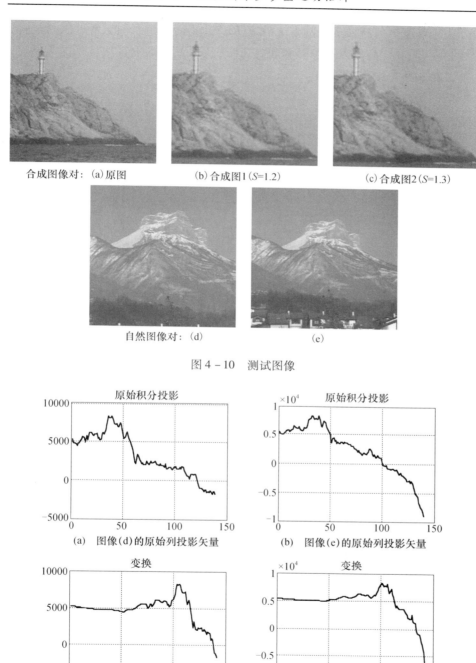

合成图像对：(a)原图　　　　　(b)合成图1(S=1.2)　　　　　(c)合成图2(S=1.3)

自然图像对：(d)　　　　　　　　　(e)

图 4-10　测试图像

原始积分投影

(a)　图像(d)的原始列投影矢量

原始积分投影

(b)　图像(e)的原始列投影矢量

变换

(c)　图像(d)变换后的列投影矢量

变换

(d)　图像(e)变换后的列投影矢量

图 4-11　图 4-10(d)(e)的列投影矢量

由于基于极值特征空间的方法(EXTRE)并不需要进行对数等非线性运算，主要是一些加法、乘法以及逻辑判断等运算，这里就不给出算法具体的复杂度，极值点检测效果参见图 4 – 12。

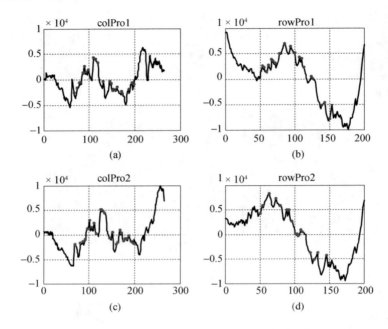

图 4 – 12　图 4 – 8(a)的极值点检测实验分析

(图(a)、(b)分别是左图的行和列的投影曲线，图(c)(d)分别是右图的行列投影曲线)

表 4 – 1 给出了几种算法针对图 4 – 11 中图像对的比较结果，LOG 算法的参数估计精度为 < 0.03，平均计算时间为 0.031s；Reddy 法的平均计算时间为 1.02s，而 Keller 方法则需要 1.220s。可以看出，本书算法在精度上可以满足要求，在时间上则具有很大的优势。

表 4 – 1　缩放参数的估计值与标准值比较

	合成图 1	合成图 2	自然图像对
标准值	1.2000	1.3000	
Reddy	1.2102	1.3214	0.8112
Keller	1.2050	1.3120	0.8010
LOG	1.2224	1.2705	0.7840
EXTRE	1.2050	1.3040	0.8050

4.3　基于频域参数降维的四参量运动估计

4.3.1　参数降维估计

本节给出傅里叶变换的平移特性,以及图像仿射变换参数在对数极坐标变换下的降维估计理论。

1. 傅里叶变换的平移理论

如果图像 $f_2(x,y)$ 是图像 $f_1(x,y)$ 经平移 $(\Delta x,\Delta y)$ 后的图像,即

$$f_2(x,y) = f_1(x - \Delta x, y - \Delta y) \tag{4-17}$$

则 $f_1(x,y)$、$f_2(x,y)$ 对应的傅里叶变换 $F_1(\xi,\eta)$ 和 $F_2(\xi,\eta)$ 的关系为

$$F_2(\xi,\eta) = \mathrm{e}^{-\mathrm{j}2\pi(\xi\Delta x + \eta\Delta y)} F_1(\xi,\eta) \tag{4-18}$$

假定 M_1,M_2 为 F_1 和 F_2 的能量谱(幅度谱),则

$$M_2(\xi,\eta) = M_1(\xi,\eta) \tag{4-19}$$

由此可以推出,图像的平移在频域幅度谱上没有变化,利用这个性质,可以对图像变换参数进行降维估计。

2. 图像对数极坐标变换

设两幅图像满足如下位置变换关系:

$$(x_2,y_2)' = s \cdot R(\alpha) \cdot (x_1,y_1)' + T \tag{4-20}$$

其中,$R(\alpha) = \begin{bmatrix} \cos\alpha & \sin\alpha \\ -\sin\alpha & \cos\alpha \end{bmatrix}$,$T = (\Delta x \quad \Delta y)'$,则有

$$\begin{cases} f_2(x,y) = f_1(x_1,y_1) \\ x_1 = s \cdot x \cdot \cos\alpha + s \cdot y \cdot \sin\alpha + \Delta x \\ y_1 = -s \cdot x \cdot \sin\alpha + s \cdot y \cdot \cos\alpha + \Delta y \end{cases} \tag{4-21}$$

根据平移理论,有

$$M_2(\xi,\eta) = s^{-2} M_1(\xi_1,\eta_1)$$

$$\xi_1 = s^{-1} \cdot \xi \cdot \cos\alpha + s^{-1} \cdot \eta \cdot \sin\alpha$$

$$\eta_1 = -s^{-1} \cdot \xi \cdot \sin\alpha + s^{-1} \cdot \eta \cdot \cos\alpha$$

对上式进行极坐标变换:

$$M_2(r,\theta) = s^{-2} M_1(s^{-1} \cdot r, \theta + \alpha)$$

再进行对数变换:

$$M_2(\lg r,\theta) = s^{-2} M_1(\lg r - \lg s, \theta + \alpha)$$

即

$$M_2(\rho,\theta) = s^{-2}M_1(\rho - d, \theta + \alpha) \qquad (4-22)$$

其中, $\rho = \lg r$, $d = \lg s$, 图像的非线性映射通过双线性插值实现。这样, 图像的缩放与旋转变换被降维成平移变换, 可以通过解算平移参数完成四参数运动模型的求取(图4-13和图4-14)。

图4-13　具有四参量变换关系的两帧图像

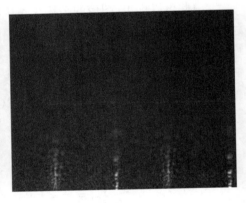

图4-14　图4-13经过FFT变换后的对数极坐标系统下的傅里叶谱

4.3.2　平移参数求取

平移参数求取是基本的参数求取过程, 通常采用的方法有块匹配方法、灰度投影法以及相位相关法等。

1. 相位相关法

相位相关是一种非线性、基于傅氏功率谱的频域相关技术, 常用作检测两幅图像间的平移变换, 具有较高的精度。

根据公式:

$$F_2(\xi,\eta) = e^{-j2\pi(\xi\Delta x + \eta\Delta y)} F_1(\xi,\eta) \qquad (4-23)$$

可以得到图像 $f_1(x,y)$、$f_2(x,y)$ 的互功率谱：

$$\frac{F_1(\xi,\eta) F_2^*(\xi,\eta)}{|F_1(\xi,\eta) F_2^*(\xi,\eta)|} = e^{-j2\pi(\xi\Delta x + \eta\Delta y)} \qquad (4-24)$$

其中，$F_2^*(\xi,\eta)$ 为 $F_2(\xi,\eta)$ 的复共轭，可以看出互功率谱的相位等价于图像间的相位差。通过对上式进行傅里叶逆变换，在 (x,y) 空间的 $(\Delta x, \Delta y)$ 处将形成一个脉冲函数，脉冲峰值位置即为两幅被配准图像间的相对平移量 Δx 和 Δy，如图 4-15(a) 所示。

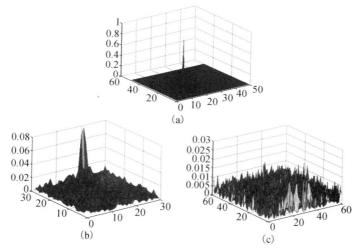

图 4-15　傅里叶变换位移理论用于图像匹配时的相关值典型分布图
(a) 理想的峰值分布；(b) 实际的峰值分布；(c) 不匹配时的峰值分布。

在实际应用中，由于两幅图像间只有部分重叠及其他噪声和误差，一般对式(4-24)进行傅里叶逆变换后的相关值分布如图 4-15(b) 所示(这些相关值通常都是复数，所说的相关值的大小都是指它的模)，这时，最大峰位置对应于两图像间的相对平移量。反之，如果两幅图像之间不满足平移变换关系，那么式(4-24)傅里叶逆变换后的函数没有明显的峰值，且呈现出不规则分布，如图 4-15(c) 所示。式(4-24)还表明，互功率谱的相位等价于图像间的相位差，故该方法也称作相位相关法。

2. 灰度投影法

相位相关虽然具有较高的参数求解精度，但是，进行相位相关，需要完成一次二维 FFT 和二维相关计算，运算量较大，不利于系统的实时处理。为此，本书引进了灰度投影技术，在保证了参数求取精度的同时，可以明显降低系统运算时间。位移相关检测原理参见 4.2.1 节。傅里叶谱的列投影效果见图 4 – 16。

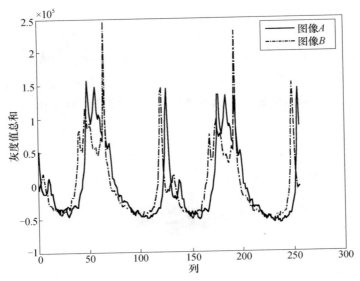

图 4 – 16　图 4 – 14 的列投影矢量

4.3.3　算法设计分析

1. 算法流程

综上所述,基于四参数仿射模型的快速运动估计算法流程如下(参见图 4 – 17):

(1) 输入图像 I_1、I_2,分别进行 FFT,生成 I_1'、I_2'。

(2) 求取 I_1'、I_2' 的幅度谱,即 $|I_1'|$、$|I_2'|$。

(3) 对 $|I_1'|$、$|I_2'|$ 进行对数极坐标变换(Log_p( )),生成 I_{1Lp}、I_{2Lp}。

(4) 根据投影策略,把 I_{1Lp}、I_{2Lp} 分别映射为 Row1、Col1 和 Row2、Col2。

(5) 对 Row1、Row2 和 Col1、Col2 分别进行相关计算,求出 ΔS 和 $\Delta \theta$。

(6) 对图像 I_2 进行 ΔS 和 $\Delta \theta$ 补偿,生成新图像 I_2''。

(7) 依照步骤(4)、(5)分别求出偏移量 Δx 和 Δy。

2. 性能分析

算法在 P4 2.4GHz 主频、DDR 256MB 内存、Windows 操作系统环境下,使用 Matlab 6.5 进行测试。实验时选取了多组视频序列,如室内的、室外的、真实的和人工合成的。图 4 – 18 是以静止图像为模板合成的测试序列,图像大小 256 × 256,合成参数如表 4 – 2 所示。

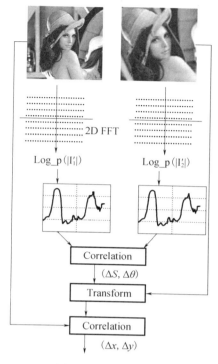

图 4 - 17　算法流程图

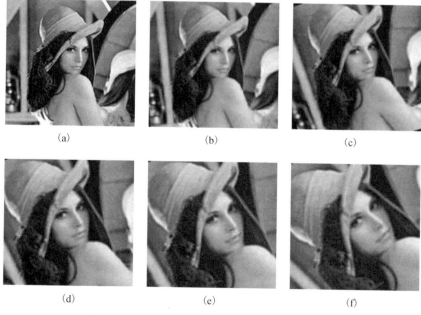

图 4 - 18　合成图像序列(合成参数见表 4 - 2)

表4-2　仿射参数的估计值与标准值比较

序号	1		2		3		4		5	
变换因子	S	R	S	R	S	R	S	R	S	R
正常值	1.1	5	1.23	19	1.45	25	1.6	30	1.7	45
计算值	1.09	5.4	1.24	19.5	1.45	25.3	1.60	29.5	1.68	45.0
备注：S = 缩放变换；R = 旋转变换（单位：°）										

灰度投影算法复杂度分析：$\leqslant \frac{1}{2}(\log_2^2(N+1))$次乘法，$\leqslant 2N^2 + 2(\log_2^2(N+1))$次加法，而相位相关算法具有$O(N^2\log_2 N)$次复数乘和复数加法，这里忽略了比较、取绝对值等操作，减法归入加法统计，除法归入乘法统计，N代表图像大小。由于采用降维和快速搜索策略，两次求取位移的算法复杂度由$O(N^2\log_2 N)$下降到$O(\log_2^2(N+1))$，运算量明显减少。通过多组图像分析得出，位移求取平均计算时间由原来0.266s下降到0.062s。

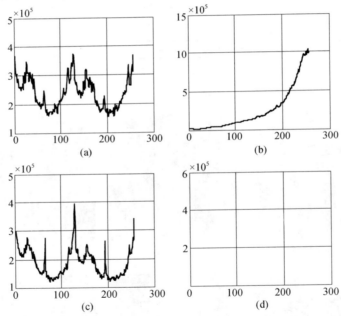

图4-19　图4-18(a)与图4-18(b)的对数极坐标下的傅里叶谱投影矢量

(a) 图4-18(a)列投影；(b) 图4-18(a)行投影；

(c) 图4-18(b)列投影；(d) 图4-18(b)行投影。

实验中，极坐标变换的距离轴设定为300，方向轴为360，对原图具有放大作用，所以，算法具有较高的估计精度，通过表4-2得出，缩放误差 <0.05，旋转误差 <0.5°。

4.4　基于特征光流的多参量运动估计

4.4.1　光流基本理论

1. 光流约束方程

设 $I(x,y,t)$ 是图像点 (x,y) 在时刻 t 的照度,如果 $u(x,y)$ 和 $v(x,y)$ 是该点光流的 x 和 y 分量,假定点在 $t+\delta t$ 时运动到 $(x+\delta x,y+\delta y)$ 时,照度保持不变,其中,$\delta x=u\delta t,\delta y=v\delta t$,即

$$I(x+u\delta t,y+v\delta t,t+\delta t)=I(x,y,t) \qquad (4-25)$$

这一约束还不能唯一地求解 u 和 v,因此还需要其他约束,比如,运动场处处连续等约束。

如果亮度随 x、y、t 光滑变化,则可以将上式的左边用泰勒级数展开:

$$I(x,y,t)+\delta x\frac{\partial I}{\partial x}+\delta y\frac{\partial I}{\partial y}+\delta t\frac{\partial I}{\partial t}+e=I(x,y,t) \qquad (4-26)$$

式中　e——关于 δx、δy、δt 的二阶和二阶以上的项。

上式两边的 $I(x,y,t)$ 相互抵消,两边除以 δt,并取极限 $\delta t\rightarrow 0$,得到

$$\frac{\partial I}{\partial x}\frac{\mathrm{d}x}{\mathrm{d}t}+\frac{\partial I}{\partial y}\frac{\mathrm{d}y}{\mathrm{d}t}+\frac{\partial I}{\partial t}=0 \qquad (4-27)$$

设

$$I_x=\frac{\partial I}{\partial x},I_y=\frac{\partial I}{\partial y},I_t=\frac{\partial I}{\partial t},u=\frac{\mathrm{d}x}{\mathrm{d}t},v=\frac{\mathrm{d}y}{\mathrm{d}t}$$

则由式 $(4-25)$ ~ 式 $(4-27)$ 得到空间和时间梯度与速度分量之间的关系:

$$I_xu+I_yv+I_t=0 \qquad (4-28)$$

或

$$\nabla I\cdot v+I_t=0 \qquad (4-29)$$

上述方程称为光流约束方程。在上面的方程中,I_x,I_y 和 I_t 可直接从图像中计算出来。

实际上,上述光流约束方程产生的是恒值亮度轮廓图像运动的法向分量 $v_n=sn$,其中 n 和 s 分别是法向运动分量的方向和大小:

$$n=\frac{\nabla I}{\parallel\nabla I\parallel},s=\frac{-I_t}{\parallel\nabla I\parallel}$$

图像中的每一点上有两个未知数 u 和 v,但只有一个方程,因此,只使用一个点上的信息是不能确定光流的。人们将这种不确定问题称为孔径问题(Aperture Problem)。理论上分析,我们仅能沿着梯度方向确定图像点的运动,即法向流(Normal Flow)。假定物体的运动方向为 r,如图 4 – 20 所示。如果基于一个局部窗口(即孔径 1)来估计运动,则无法确定图像是沿着边缘方向还是垂直边缘方向运动,其中沿着垂直边缘方向的运动就是法向流。但是,如果再来观察孔径 2,就有可能确定正确的运动,这是由于图像在孔径 2 中的两个垂直边缘方向上都有梯度变化。这样,在一个包含有足够灰度变化的像素块上有可能估计图像运动。当然,这里隐含着一个假设,即像素块里的所有像素都具有相同的运动矢量。

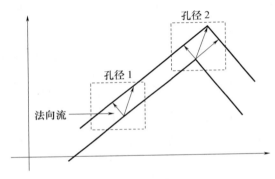

图 4 – 20   孔径问题示意图

2. 光流解算

由上节讨论可知,由于孔径问题的存在,仅通过光流约束方程而不使用其他信息无法计算图像平面中某一点处的图像流速度,本节将讨论如何克服孔径问题,并求出图像流的 Horn – Schunck 解法。

Horn 和 Schunck[18]使用光流在整个图像上光滑变化的假设来求解光流,即运动场既满足光流约束方程又满足全局平滑性。根据光流约束方程,光流误差为

$$e^2(\boldsymbol{x}) = (I_x u + I_y v + I_t)^2 \tag{4 – 30}$$

式中:$\boldsymbol{x} = (x,y)^{\mathrm{T}}$。

对于光滑变化的光流,其速度分量平方和积分为

$$s^2(\boldsymbol{x}) = \iint \left[\left(\frac{\partial u}{\partial x} \right)^2 + \left(\frac{\partial u}{\partial y} \right)^2 + \left(\frac{\partial v}{\partial x} \right)^2 + \left(\frac{\partial v}{\partial y} \right)^2 \right] \mathrm{d}x \mathrm{d}y$$

将光滑性测度同加权微分约束测量组合起来,其中加权参数控制图像流约束微分和光滑性微分之间的平衡:

$$E = \iint \{ e^2(\boldsymbol{x}) + \alpha s^2(\boldsymbol{x}) \} \mathrm{d}x\mathrm{d}y \qquad (4-31)$$

式中　α——控制平滑度的参数，α 越大，则平滑度就越高，则估计的精度也越高。

使用变分法将式(4-31)转化为一对偏微分方程：

$$\begin{cases} \alpha \, \nabla^2 u = I_x^2 u + I_x I_y v + I_x I_t \\ \alpha \, \nabla^2 v = I_x I_y u + I_y^2 v + I_y I_t \end{cases} \qquad (4-32)$$

用有限差分方法将每个方程中的拉普拉斯算子换成局部邻域图像流矢量的加权和，并使用迭代方法求解这两个差分方程。

下面只考虑离散的情况。在一点 (i,j) 及其 4 邻域上，根据光流约束方程，光流误差的离散量表示式为

$$e^2(i,j) = (I_x u(i,j) + I_y v(i,j) + I_t)^2 \qquad (4-33)$$

光流的平滑量也可由点 (i,j) 与它的 4 邻域点的光流值差分来计算：

$$\begin{aligned} s^2(i,j) = \frac{1}{4} [\, & (u(i,j) - u(i-1,j)^2 + (u(i+1,j) - u(i,j))^2 + \\ & (u(i,j+1) - u(i,j))^2 + (u(i,j) - u(i,j-1))^2 + \\ & (v(i,j) - v(i-1,j))^2 + (v(i+1,j) - v(i,j))^2 + \\ & (v(i,j+1) - v(i,j))^2 + (v(i,j) - v(i,j-1))^2] \end{aligned}$$

则极小化函数为

$$E = \sum_i \sum_j (e^2(i,j) + \alpha s^2(i,j)) \qquad (4-34)$$

E 关于 u 和 v 的微分是

$$\frac{\partial E}{\partial u} = 2(I_x u + I_y v + I_t) I_x + 2\alpha(u - \bar{u})$$

$$\frac{\partial E}{\partial v} = 2(I_x u + I_y v + I_t) I_y + 2\alpha(v - \bar{v})$$

式中　$\bar{u}$ 和 $\bar{v}$——分别为 u 和 v 在点 (i,j) 处的平均值。

根据上式，当式(4-34)取极小值时，可以得到下式成立。

$$(I_x u + I_y v + I_t) I_x + \alpha(u - \bar{u}) = 0$$

$$(I_x u + I_y v + I_t) I_y + \alpha(v - \bar{v}) = 0$$

从上面两个方程可以求出 u 和 v。实际应用中，经常将求解 u 和 v 表示成迭代方程：

$$\begin{cases} u^{n+1} = \bar{u}^n - I_x \dfrac{I_x \bar{u}^n + I_y \bar{v}^n + I_t}{\alpha + I_x^2 + I_y^2} \\[3mm] v^{n+1} = \bar{v}^n - I_y \dfrac{I_x \bar{u}^n + I_y \bar{v}^n + I_t}{\alpha + I_x^2 + I_y^2} \end{cases} \qquad (4-35)$$

式中 n——迭代次数；

u^0 和 v^0——光流的初始估值,一般取为零。

当相邻两次迭代结果的距离小于预定的公差值,迭代过程终止,参见图4-21。

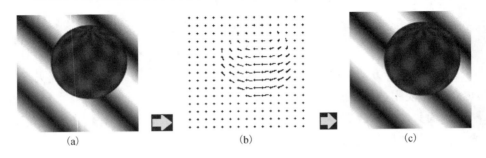

(a)　　　　　　　　　　　(b)　　　　　　　　　　　(c)

图4-21　图像光流场示意图

(a)图像1;(b)光流场;(c)图像2。

特征光流法与连续光流不同,它放弃了解算像面任一点光流的求解思想,而只求取图像特征点处的光流。其主要优点在于:对目标在帧间的运动的限制较小,可以处理大的帧间位移,对噪声的敏感性降低;同时,由于只需处理图像中很少数的特征点,计算量较小。

4.4.2　角点多级匹配

特征角点代表了图像的重要局部特征,同其他特征相比,具有相对稳定的特征描述,且算法复杂度较低。在这里,我们利用Harris角检测器具有的优良特性,提取图像角点。

由于在真实影像中,角点的分布并不均匀,加上本算法使用角点邻域内的角点支持强度作为判断角点是否为优胜角点的依据之一,因此,在处理角点密集的图像时,会造成求取的对应角点分布不均匀的现象。我们采用分块法将角点进行均匀化处理,即根据配准的需要,将第一幅图像分成$p \times q$块(通常选择的块数越多,得到的角点越多,书中选择的是8×8),然后,在每一块中,只保留一个角点,第二幅图像做相应的处理,这样就可以解决角点分布不均匀的问题。

1. 初始匹配

经过光流求解,可以求得特征点处的概略光流矢量,因为,光流场的解算是建立在一定的约束之上的,具有不精确性,所以,$U(x,y)$和$V(x,y)$反映了图像在像素点(x,y)处相对于另一幅图像的概略运动速度,依据$U(x,y)$和$V(x,y)$可以求得两幅图像间角点 R_1、R_2 近似匹配：

$$R_2(x,y) :: R_1(x+U,y+V) \tag{4-36}$$

其中，"::"表示匹配算子。

2. 校正匹配

由于图像内两点间欧式距离具有平移、旋转不变性，所以，可以被用作图像的平移、旋转变换时的辅助判别准则。

设定图像内两点间的欧式距离为

$$d_t^{i,j} = \parallel R^i(E_t) - R^j(E_t) \parallel (t=1,2) \tag{4-37}$$

式中　$R^i(E_t)$、$R^j(E_t)$——图像 E_t，$(t=1,2)$ 角点 i 和角点 j 处像素值。

则理想情况下：

$$\Delta d = \mid d_1^{i,j} - d_2^{i',j'} \mid = 0 \tag{4-38}$$

式中　(i,i')、(j,j')——两幅图像之间的像素对。

这样，依次比对各角对点之间的距离差，可以校正角点的误匹配。

当特征点的运动在相对较小的范围时，利用这种方法具有很高的匹配精度。但是当特征点存在较大位移时，在单一分辨率层上运用这种匹配算法获得匹配点对的鲁棒性将会降低，这是因为选择小的匹配窗口，容易漏匹配，而选择大的匹配窗口，易产生误匹配，且匹配过程的搜索时间长。为此，本书采用多分辨率策略，求解出特征光流场概略运动矢量，然后采用特征空间匹配策略做相应特征点匹配处理，将得到的精确运动矢量用作下一步的光流场计算。

3. 算法流程

图像特征点的匹配与光流场解算是一个相互作用的过程，通过粗分辨率下光流场求解，可以得到粗略的运动分量，将这些分量作为特征点匹配的概略指导，即优先在该方向下求取特征点的匹配点对，然后，利用匹配点求取的精确的运动分量，返回去指导光流场精确计算。

（1）对两帧图像按精度递减分成不同分辨率的层次，实验中使用的金字塔层次 $L=3$。

（2）在具有最低精度的图像层，进行光流场解算，解出特征角点的概略位移矢量，同时生成初始匹配角点对。

（3）根据角点的多级匹配策略，对已经匹配的初始角点对进行校正，生成新的匹配角点对。

（4）根据已经匹配的角点对，在高一分辨率的图像层，求解出这一层的光流位移矢量场。

97

（5）利用新求出的位移矢量在最高分辨率层（即原始图像）进行角点精校正，生成最后的匹配角点对。

4.4.3　多参量求解

1. 平移、旋转以及缩放参量求解

设两幅图像满足如下位置变换关系：

$$(x_2, y_2)' = s \cdot R(\alpha) \cdot (x_1, y_1)' + T \tag{4-39}$$

式中：$R(\alpha) = \begin{bmatrix} \cos\alpha & \sin\alpha \\ -\sin\alpha & \cos\alpha \end{bmatrix}$；$T = (\Delta x \quad \Delta y)'$。则有

$$x_2 = s \cdot x_1 \cdot \cos\alpha + s \cdot y_1 \cdot \sin\alpha + \Delta x$$
$$y_2 = -s \cdot x_1 \cdot \sin\alpha + s \cdot y_1 \cdot \cos\alpha + \Delta y \tag{4-40}$$

设定

$$\begin{cases} a = s \cdot \cos\alpha \\ b = s \cdot \sin\alpha \end{cases}$$

式（4-26）可以改写为

$$\begin{bmatrix} x_2 \\ y_2 \end{bmatrix} = \begin{bmatrix} x_1 & y_1 & 1 & 0 \\ y_1 & -x_1 & 0 & 1 \end{bmatrix} \cdot \begin{bmatrix} a \\ b \\ \Delta x \\ \Delta y \end{bmatrix} \tag{4-41}$$

将 n 对匹配特征点代入上式中，可得

$$\begin{bmatrix} x_2^1 \\ y_2^1 \\ \vdots \\ x_2^n \\ y_2^n \end{bmatrix} = \begin{bmatrix} x_1^1 & y_1^1 & 1 & 0 \\ y_1^1 & -x_1^1 & 0 & 1 \\ \vdots \\ x_1^n & y_1^n & 1 & 0 \\ y_1^n & -x_1^n & 0 & 1 \end{bmatrix} \cdot \begin{bmatrix} a \\ b \\ \Delta x \\ \Delta y \end{bmatrix} \tag{4-42}$$

简写为：$N = M \cdot X$，则 X 的最小二乘解为

$$X = (M^T M)^{-1} M^T \cdot N \tag{4-43}$$

2. 性能分析

实验在 P4 2.4GHz 主频、DDR 256MB 内存、Windows 操作系统环境下，使用 Matlab 6.5 进行算法测试。实验时选取了多组视频序列，如室内的、室外的、真实的和人工合成的。图 4-22 是 DV 拍摄的一段视频中的相邻两帧图像，大小为 320×240。

图 4 - 22　相邻两帧图像

首先对图像进行 Harris 角点检测,并采取均匀化处理,检测结果如图 4 - 23 所示。

图 4 - 23　角点检测结果

对检测后的图像进行特征光流场分析,如图 4 - 24 所示。

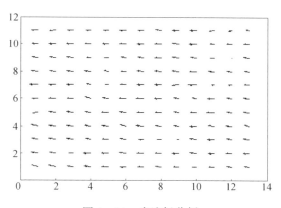

图 4 - 24　光流场分析

利用本书算法进行角点自动匹配,匹配结果如图 4 - 25 所示。

图 4 - 25　角点匹配效果

图 4 - 22 ~ 图 4 - 25 是部分实验结果,图 4 - 23 为经过 Harris 角点检测后的效果图,前帧共有特征点数 95,当前帧特征点数 107,图 4 - 25 是利用本书算法匹配后的角点对,共有 58 对,处理帧率 24,正确匹配率 98% 以上。

4.5　本章小结

本章提出的基于对数映射(LOG)和基于极值特征空间匹配(EXTRE)两种视频序列缩放参数估计算法,解决了传统灰度投影算法无法应用于尺度变化的问题,拓展了灰度投影算法的应用空间。实验性能分析表明,LOG 算法的参数估计精度 < 0. 03,EXTRE 算法的参数估计精度 < 0. 01,平均计算时间为 0. 031s。算法在保证较高精度的同时,具有很好的计算性能,有利于系统的实时处理,可广泛应用于实时跟踪、匹配等领域。

基于灰度投影算法的三参量运动估计策略具有重要的实用价值和工程意义,本章提出的两种算法各有优点,同时又都存在不足,所以,针对算法的不同特性,如何提高算法精度、保证计算效率,则有待于进一步研究。

本章提出的基于频域降维的四参数估计方法,利用傅里叶变换、对数极坐标转换的特性,将参数解算空间降维,同时摒弃了传统的二维相位相关技术,采用具有优良计算特性的均值投影算法,完成图像仿射变换的四参数求解。实验结果表明,由于采用降维和快速搜索策略,两次求取位移的算法复杂度由 $O(N^2\log_2 N)$ 下降到 $O(\log_2^2(N+1))$,运算量明显减少。通过多组图像分析得出,在指定的实验平台上,位移求取平均计算时间由原来 0. 266s 下降到 0. 062s。算法不但明显降低了运算复杂度,而且具有较高的参数估计精度,使得该算法能够高效率地估计出镜头的平动、缩放以及旋转等运动,有着良好的应用前景。

　　为了融合特征与光流各自的优越性能,本章提出的多分辨率双向迭代的特征光流算法,把特征光流引进特征点的匹配过程当中,通过多级迭代策略,既解决了误匹配问题,又克服了光流场解算复杂,不能够满足实时性要求的问题。实验证明,该算法正确匹配率达到 98% 以上,处理速度每秒不小于 24 帧,能够满足系统实时性要求。

　　这两种四参量运动估计算法的不同之处在于,频域方法更适用于遥感影像,而光流方法更适用于自然图像序列的处理。

参 考 文 献

[1] Rath G B, Makur A. Iterative least squares and compression based estimation for a four – parameter linear global motion model and global motion compensation[J]. IEEE Trans. on Circuits&Systems for Video Technology, 1999, 9(7):1075 – 1099.

[2] 王嘉, 王海峰, 刘青山, 等. 基于三参数模型的快速全局运动估计[J]. 计算机学报, 2006, 29(6): 920 – 927.

[3] Hung – Chang Chang, Shang – Hong Lai, Kuang – Rong Lu. A robust real – time video stabilization algorithm [J]. J. Vis. Commun. Image R. 2006, 17:659 – 673.

[4] Smith S M, Brady JM, ASSWER – 2: Real – time motion segmentation and shape tracking[J], IEEE Trans. on Pattern Analysis and Machine Itelligence, 1995, 17(7):814 – 820.

[5] Sauer K, Schwartz B. Efficient block motion estimation using integral projections[J]. IEEE Transactions on Circuits and Systems for Video Technology, 1996, 6(5):513 – 518.

[6] Jae Hun Lee, Jong Beom Ra. Block motion estimation based on selective integral projections[C]. IEEE ICIP 2002, 1:689 – 692.

[7] Kebin Xu, Zhenyuan Wang, Heng. Classification by nonlinear integral projections[J]. IEEE Transactions on Fuzzy Systems, 2003, 11(2):187 – 201.

[8] Crawford A J, Denman, H, Kelly F. Gradient based dominant motion estimation with integral projections for real time video stabilization[C]. IEEE ICIP 2004, 5:3371 – 3374.

[9] 赵红颖, 熊经武. 获取动态图像位移矢量的灰度投影算法的应用[J]. 电工程, 2001, 28(3):51 – 53.

[10] 孙辉, 张永祥, 熊经武, 等. 高分辨率灰度投影算法及其在电子稳像中的应用[J]. 光学技术, 2006, 32(3):378 – 380.

[11] 周渝斌, 赵跃进. 基于单向投影矢量的数字电子稳像方法[J]. 北京理工大学学报, 2003, 23(4): 509 – 512.

[12] 钟平, 冯进良, 于前洋, 等. 动态图像序列帧间运动补偿方法探讨[J]. 光学技术, 2003, 29(4):441 – 444.

[13] Yosi Keller, Amir Averbuch, Moshe Israeli. Pseudopolar – Based Estimation of Large Translations, Rotations,

and Scalings in Images[J]. IEEE Trans. On IMAGE PROCESSING,2005,14(1):12 -21.

[14] Reddy B S,Chatterji B N. An FFT - basedtechniquefortranslation, rotation, andscale - invariantimageregistration[J]. IEEETransactionsonImageProcessing,1996,5(8):1266 - 1271.

[15] Terzopoulos D. Regularization of inverse visual problems involving discontinuities[J]. IEEE Trans. Pattern Analysis and Machine Intelligence,1986,8(4):413 -424.

[16] Smith S M,Brady J M. ASSWER - 2:Real - time motion segmentation and shape tracking[J], IEEE Trans. on Pattern Analysis and Machine Itelligence,1995,17(7):814 -820.

[17] 李军,周月琴,李德仁. 影像局部直方图匹配滤波技术用于遥感影像数据融合[J]. 测绘学报,1999, 28(3):226 -231.

[18] 张泽旭,李金宗,李冬冬. 基于光流场分析的红外图像自动配准方法研究[J]. 红外与毫米波学报, 2003,22(4):307 -312.

第 5 章 舰基图像海雾消除技术

第5章 舰基图像海雾消除技术

5.1 引　言

海雾作为一种危险的天气现象,严重威胁着舰船航行安全。如今,虽然舰船普遍安装了无线电探测设备,但由于雾对声光无线电波具有吸收和散射作用,所以海雾状态下,雷达等无线电探测设备的使用效果会受到限制。与此同时,光学成像系统具有频带宽、抗电磁干扰能力强等优良特性,可以直观、实时地反映航行中舰船周围海域情况,所以,利用光学影像辅助雾中航行已经成为可能。

本章主要从雾天舰基图像基本特征着手,分别研究了舰基图像的基于暗原色先验去雾方法和基于单图景深分布模型的图像去雾方法。

5.2　雾天舰基图像基本特征

5.2.1　对比度特征

为了推导方便,令 $t = e^{-\beta(\lambda)}$ 表示图像的透射率,在 RGB 色彩空间中,雾天图像的几何学成像模型,如图 5 – 1 所示。

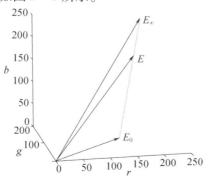

图 5 – 1　雾天图像的几何学成像模型[1]

105

向量 E_∞，E 和 E_0 共面，它们的端点共线，透射率 t 是两条线段长度之比：

$$t = \frac{\|E_\infty - E(x)\|}{\|E_\infty - E_0(x)\|} = \frac{E_\infty{}^c - E^c(x)}{E_\infty{}^c - E_0{}^c(x)} \qquad (5-1)$$

其中，$c \in \{r,g,b\}$ 表示其中任一颜色通道。在图像的一个小区域里，假设 t 为一个常量，图像边缘梯度受雾影响的改变量可表示为[1-2]

$$\sum_x \|\nabla E(x)\| = \sum_x \|t\nabla E_0(x) + (1-t)\nabla E_\infty\|$$
$$= t \sum_x \|\nabla E_0(x)\| < \sum_x \|\nabla E_0(x)\| \qquad (5-2)$$

式（5-2）解释了雾天图像对比度的降低。可以看出，雾对图像对比度的影响与场景深度密切相关，文献[3]根据大气散射理论，在分析成像逆过程的基础上，得出了降质图像的对比度随场景深度呈指数性衰减的规律。

设目标点在晴天下的场景辐射度为 E_0，相同深度下的背景在晴天下的场景平均辐射度为 E_0'，雾天时目标点的观测场景辐射度为 E_d，相同深度下的背景在雾天下的场景平均辐射度为 E_d'，由大气散射模型式整理可得如下的关系：

$$(E_d - E_d') = (E_0 - E_0')e^{-\beta d} \qquad (5-3)$$

设目标在晴天与周围同深度背景的对比度为 C_0，雾天与背景的对比度为 C_d，根据对比度定义可得

$$C_0 = \frac{E_0 - E_0'}{E_0} \qquad (5-4)$$

$$C_d = \frac{E_d - E_d'}{E_d} \qquad (5-5)$$

综合式（5-3）~式（5-5）可得

$$C_d = \frac{E_0'}{E_d}C_0 e^{-\beta d} \qquad (5-6)$$

由于 E_0' 与 E_d' 是两个常数，很明显式（5-6）表示由于大气悬浮粒子的散射作用导致图像对比度随深度增加呈现指数性衰减的规律。因此，传统空域不变的对比度增强方法，如直方图均衡化方法，由于没有考虑到场景中各目标的深度变化信息，去除天气效果的影响是有限的。

5.2.2　空间域特征

在图像处理中，直方图方法是一种对图像像素本身进行处理的重要空间域方法，它可以提供图像大致的灰度动态范围和每个灰度级出现的频数，给出图像亮度和对比度直观描述。对于彩色图像，可以分通道给出直方图信息，其

中图像颜色也可采用 HSI 模型描述,即色调(Hue)、饱和度(Saturation)和亮度(Intensity)。色调是描述纯色的属性,如红、黄、蓝,可以用角度度量;饱和度给出一种纯色被白光稀释的程度,用百分比来度量;亮度是一个主观描述子,表示颜色的明暗程度,用百分比度量。从 RGB 色彩空间到 HSI 色彩空间的转换公式为[4]

$$
\begin{cases}
H = \arccos\left\{\dfrac{(R-G)+(R-B)}{2\sqrt{(R-G)^2+(R-B)^2}}\right\} \\[2mm]
S = 1 - \dfrac{3}{(R+G+B)}\left[\min(R,G,B)\right] \\[2mm]
I = \dfrac{R+G+B}{3}
\end{cases}
\tag{5-7}
$$

图 5 - 2 给出了不同天气下的一组图像。将图像的色彩空间由 RGB 转换到 HSI 后,图 5 - 3 分别给出了图 5 - 2 的 H 分量、S 分量、I 分量直方图。

(a)

(b)

(c)

(d)

图 5 - 2　不同天气下的图像

　　分析分量直方图结果,总结规律得出,雾天图像模糊的最主要原因是色饱和度变低,不同的色彩趋于相同,难以分别。特别对于图 5 -2(b)、(c)和(d)的海上图像,色饱和度普遍偏低,即颜色中白光的成分含量很高,浓雾时大部分白光的含量达到 100%,使图像看起来白茫茫一片。另外,海上雾天图像色彩分量分布集中,色彩多处于蓝色区域。对于亮度分量,相对于去雾后图像,雾天图像的直方图灰度级更趋于集中,像素灰度级的动态分布范围少,而且雾况越重,灰度级合并现象越严重。

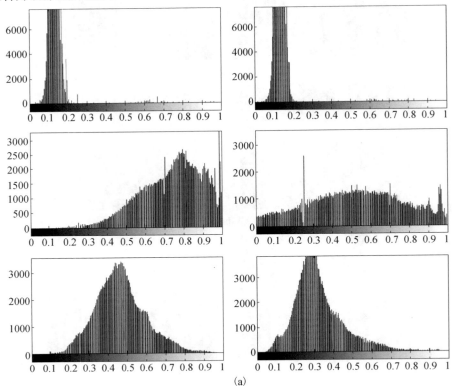

(a)

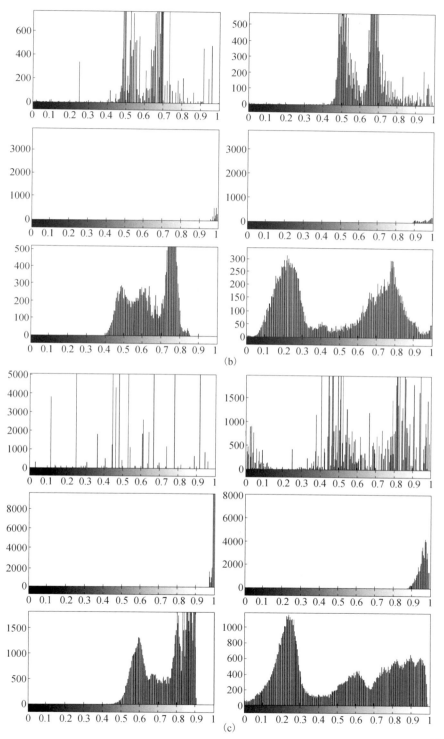

(b)

(c)

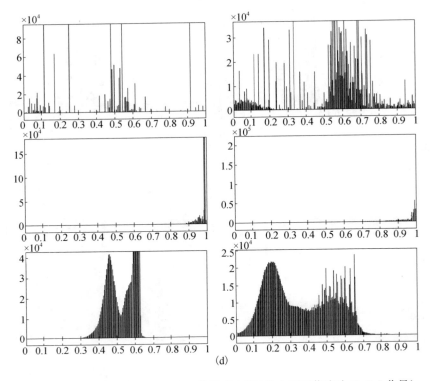

图 5 - 3　图 5 - 2 中各图的 H、S、I 分量直方图（从上至下依次为 H、S、I 分量）

去雾后,亮度直方图灰度范围增大,且峰值前移,说明图像的颜色更加丰富,颜色对比度加深,有效去除一部分雾的影响。对于海上雾天图像,亮度直方图中,灰度级较大处一般都有一个比较陡峭的峰。实验发现,与这个峰值所在区域对应的范围即是天空区域的大致灰度变化范围。

5.2.3　频域特征

本质上,数字图像是空间域上的二维函数,其中经常包含周期性和非周期性噪声以及背景,各种成分往往相互掺杂在一起,在空间域上分析这些成分很困难,在频域上分析比较简单,而且频域分析理论相对成熟。将二维函数基于频率分成不同的成分,其中频率表征了图像中灰度变化的剧烈程度,灰度在平面空间上的梯度。图像灰度变化缓慢的区域,对应的频率值较低;图像灰度变化剧烈的区域,如边缘区域,其对应的频率值较高。对于大小为 $M \times N$ 的图像函数,其傅里叶变换描述为

$$F(u,v) = \frac{1}{MN} \sum_{x=0}^{M-1} \sum_{y=0}^{N-1} f(x,y) e^{-j2\pi(ux/M+vy/N)} \tag{5-8}$$

式中:$u = 0, 1, 2, \cdots, M - 1$; $v = 0, 1, 2, \cdots, N - 1$。

为了解在不同能见度下图像的频域特点,图 5 - 4 给出了图 5 - 2 图像所对

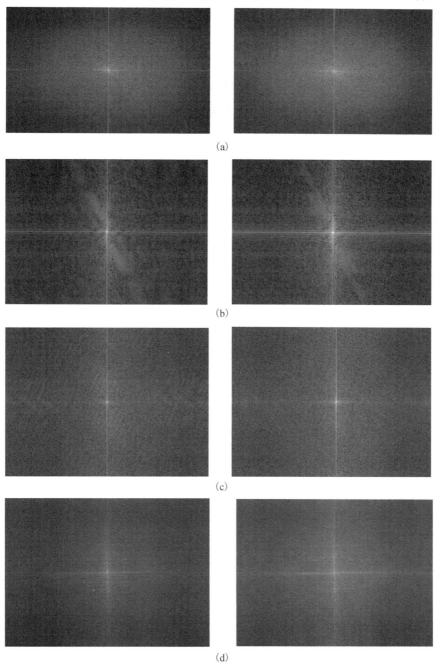

图 5 - 4　图 5 - 2 中各图的傅里叶谱

应的傅里叶谱。对比同场景拍摄的图像,总结谱图像规律,得到去雾图像与受雾干扰模糊图像的区别在于:前者的高频成分多于后者,即由于雾对场景的叠加覆盖作用,图像的高频能量减少,表现为图像的视觉感受模糊不清,这种现象随着雾浓度和场景深度的增加而严重。因此,在频域上不易利用阈值来实现雾的去除。图 5 - 2(b)和(c)海上图像由于海浪波纹呈现出沿一定方向的能量集中,因此可尝试通过增强纹理和边缘达到一定的雾天图像增强目的。另外,图像(c)、(d)在低频部分出现的宽白色条带,反映了海上浓雾时图像的模糊特性。

5.2.4 图像去雾质量评价指标

为了评估图像去雾质量,参照文献[1,2],选取一系列客观指标来评价去雾图像的细节边缘信息和颜色。其中平均梯度指标、边缘强度、信息熵用于评价图像细节边缘信息,边缘强度采用 Sobel 算子来检测,定义为

$$
\begin{aligned}
e &= \sum_{r,g,b} \left[(\partial f/\partial x)^2 + (\partial f/\partial y)^2 \right]^{1/2} \\
&= \{ [(z_7 + 2z_8 + z_9) - (z_1 + 2z_2 + z_3)] + [(z_3 + 2z_6 + z_9) - (z_1 + 2z_4 + z_7)] \}
\end{aligned}
$$
$$(5-9)$$

式中 $z_1, \cdots, z_9$——Sobel 算子掩模系数。

对于图像 $f(x,y)$,其平均梯度定义为

$$
g = \sum_{r,g,b} \left[(\partial f/\partial x)^2 + (\partial f/\partial y)^2 \right]^{1/2} / 3 \qquad (5-10)
$$

图像信息熵定义为

$$
H = - \sum p_x \lg p_x \qquad (5-11)
$$

式中 p_x——灰度级出现的频数。

评价图像去雾方法主要是处理后的图像看起来真实自然,即原图像和结果图像的直方图形状大体上一致。大气光线对图像的作用,会导致图像的像素整体移向直方图灰度级的亮端[9]。因此,可通过直方图相关系数来测量两个直方图分布之间的相似程度,从而得到图像颜色的偏移程度。直方图相关系数定义为

$$
d = \frac{\sum_k (h_k - \bar{h})(h'_k - \bar{h}')}{\sqrt{\sum_k (h_k - \bar{h})^2 \sum_k (h'_k - \bar{h}')^2}} \qquad (5-12)
$$

5.3　舰基图像暗原色先验去雾

1988 年, Chazev 提出暗物体减法的概念 (Dark – Object Subtraction, DOS)[5], 其核心思想是从遥感图像的其他波段确定图像中的暗物体, 认为其颜色在晴朗天气下近似黑色, 而在可见光波段, 暗物体颜色的改变就是大气散射作用的结果。因此, 大气散射部分可由暗物体的本色(近似黑色)减去雾天图像物体颜色得到, 从而反演大气模型参数, 校正大气散射对图像的影响。从天空对地观测时, 地面目标景深变化不大, 大气浓度分布均匀, 因此, 暗物体减法处理航拍遥感图像效果好, 对于大气浓度随景深变化而变化的图像效果有限。

2009 年, 借鉴暗物体减法的思想, He 提出基于暗原色先验的去雾方法[1]。该方法假设一般户外图像的每个局部区域均有满足先验条件的暗原色点存在, 而且假设局部区域的大气分布均匀, 可理解为一种局部的 DOS 方法。该方法可快速得到大气光线的透射率, 但是局部区域出现景深突变, 透射率就无法准确反映这种变化, 导致去雾图像出现棋盘格效应和光晕痕迹。为此, 结合抠图法来细化处理透射率边缘, 这种细化方法实质上是大规模稀疏线性方程组的求解问题, 时间复杂度和空间复杂度很高。特别是图像抠图引入 α 通道使前景和背景过渡区域的边缘柔滑或反混叠, 而直接散射为场景辐射的指数衰减因子, 因此, 将图像抠图算法用于直接散射函数的细化并不十分合理, 且在所用的代价函数中, 数据项起着很小的作用, 若提高正则参数的取值, 则景深突变边缘处的颜色又易产生过饱和[6]。

为了改善透射率图块效应, 文献[7]用透射率图对雾天图像进行分割, 然后再对每个分割块进行修补得到精确的透射率图; 文献[8,9,11]利用双边滤波和中值滤波来细化透射率图的边缘; 文献[10]针对与大气光线颜色相似的物体提出全局阈值来降低图像颜色过饱和, 同时利用局部的抠图算法来改善边缘光晕效应。这些方法一定程度上改善了透射率图的边缘块效应, 但同时牺牲了暗原色值的准确性, 且算法复杂度高。

针对这个问题, 本章提出基于暗原色邻域相似性的图像去雾方法。在得到图像的透射率后, 根据像素点邻域相似性来处理透射率边缘, 可促使局部区域边界上的点取得较准确的暗原色值。另外, 对于暗原色先验失效的水面等区域, 提出海上图像暗原色去雾方法, 引入阈值纠正错误的透射率, 可克服一般暗原色算法产生的色彩失真。最后分别给出了图像视频的去雾实验结果。

5.2.1 先验统计规律

在绝大多数户外图像非天空的局部区域里,总有一些像素点至少有一个颜色通道具有很低的值。对于图像 J,暗原色定义为

$$J^{\text{dark}}(x) = \min_{c \in \{r,g,b\}}(\min_{y \in \Omega(x)}(J^c(y))) \qquad (5-13)$$

式中 J^c——图像 J 的第 c 个颜色通道;

$\Omega(x)$——以像素点 x 为中心的小块。

通过大量统计实验,对于清晰图像,J^{dark} 的强度总是很低并且趋近于 0,即

$$\min_{\Omega}(\min_{c}(J^c(y))) \to 0 \qquad (5-14)$$

则 J^{dark} 称为图像暗原色值,像素点 y 为图像的暗原色点,以上的经验性规律称为暗原色先验。

存在暗原色的主要原因为[1]:

(1)汽车、建筑物和城市中玻璃窗户的阴影,或者是树叶、岩石等自然景观的投影。

(2)色彩鲜艳的物体或表面,在 RGB 的三个通道中某通道的值很低(比如绿色的草地、树、植物,红色或黄色的花朵、叶子,或者蓝色的水面)。

(3)颜色较暗的物体或者表面,例如灰暗色的树干和石头。

总之,自然景物中到处都是阴影或者色彩,这些景物图像的暗原色总是具有很低的值。为了验证暗原色先验规律的正确性,从图片搜索引擎下载得到的图像库中随机抽取了 5000 张户外景物或城市景区的白天无雾图像[1],图 5-5(a)给出图像暗原色灰度直方图,图 5-5(b)为其相应的累计直方图。从直方图结果可以看出约有 75% 的暗原色像素值为 0,约 90% 的暗原色像素值低于 25。该统计结果有力地支持了暗原色先验规律的合理性。图 5-5(c)给出每幅图像暗原色像素的平均强度值,可见大多的暗原色都具有比较低的平均强度值,这就意味着只有极少数的户外无雾图像不符合暗原色先验规律。

为了方便推导,大气散射模型可描述为

$$I(x) = J(x)t(x) + A(1 - t(x)) \qquad (5-15)$$

式中 I——观测到的雾天景物辐射强度;

J——晴好天气下景物辐射强度;

A——大气光线强度;

$t = e^{-\beta(\lambda)d}$——透射率。

这样,景物深度 d 和大气散射系数 β 用一个参数表示,避免了实际景深的求

取和大气散射系数的确定。由模型可知,图像去雾是将雾天图像 I 复原为晴好天气图像 J,公式中只有 $I(x)$ 已知,而 $J(x)$,$t(x)$ 和 A 三项未知,因此图像去雾问题是一个病态方程求解问题。

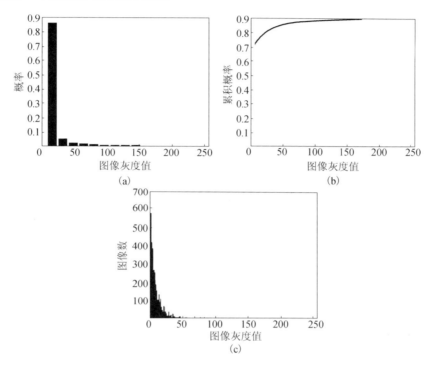

图 5 - 5　晴天图像暗原色直方图[1]

首先,估算透射率 $t(x)$。假定在一个局部区域内透射率是恒定不变的,对式(5 - 15)等号两边同取最小有

$$\min_{y \in \Omega(x)} (I^c(y)) = \min_{y \in \Omega(x)} (J^c(y))t(x) + A^c(1 - t(x)) \qquad (5 - 16)$$

注意,最小运算对三个颜色通道单独操作,该方程等价于

$$\min_{y \in \Omega(x)} \left(\frac{I^c(y)}{A^c} \right) = \min_{y \in \Omega(x)} \left(\frac{J^c(y)}{A^c} \right)t(x) + (1 - t(x)) \qquad (5 - 17)$$

这样,在三个颜色通道中使用最小运算,就可以得到

$$\min_c \left(\min_{y \in \Omega(x)} \left(\frac{I^c(y)}{A^c} \right) \right) = \min_c \left(\min_{y \in \Omega(x)} \left(\frac{J^c(y)}{A^c} \right) \right)t(x) + (1 - t(x)) \qquad (5 - 18)$$

根据暗原色先验的规律,晴朗天气下图像的暗原色项 J^{dark} 应该是接近于 0 的,即

$$J^{\mathrm{dark}}(x) = \min_c (\min_{y \in \Omega(x)} (J^c(y))) = 0 \qquad (5 - 19)$$

115

又因为 A^c 总为正数,所以

$$\min_c \left(\min_{y \in \Omega(x)} \left(\frac{J^c(y)}{A^c} \right) \right) = 0 \qquad (5-20)$$

将式(5-31)代入式(5-29)中得

$$t(x) = 1 - \min_c \left(\min_{y \in \Omega(x)} \left(\frac{I^c(y)}{A^c} \right) \right) \qquad (5-21)$$

其中,$\min_c \left(\min_{y \in \Omega(x)} \left(\frac{I^c(y)}{A^c} \right) \right)$ 雾天图像 $\frac{I^c(y)}{A^c}$ 的暗原色,它直接提供了透射信息。

对天空区域,暗原色先验规律不成立,但雾天图像的天空颜色同大气光 A 非常接近,所以在天空区域有

$$\min_c \left(\min_{y \in \Omega(x)} \left(\frac{I^c(y)}{A^c} \right) \right) \to 1 \qquad (5-22)$$

此时,$t(x) \to 0$。又因为大气光来自无穷远处,其透射率恰巧趋近于 0,所以使得式(5-21)可以同时处理包含天空的区域。这样,就不需要事先把天空部分单独加以处理。

现实中,即便是晴朗的天气,空气中也总会不可避免地包含有一些杂质粒子,所以当我们看远处的物体时感觉仍有雾的存在。而且,雾的存在是人们感知深度的一个基本线索[12],如果彻底地把雾移除,图像将看起来深度感丢失不真实。因此,可通过在式(5-21)中引进一个常数 $\omega(0 < \omega \leq 1)$,对覆盖遥远景物的雾进行部分保留,而 ω 的值可以根据具体情况设定。

$$t(x) = 1 - \omega \min_c \left(\min_{y \in \Omega(x)} \left(\frac{I^c(y)}{A^c} \right) \right) \qquad (5-23)$$

得到透射率后,模型中还有未知项大气光线 A 需要从图像中求取。文献[13,14]通过人工交互选定大气光线的颜色值;文献[15]大气光的颜色被赋值为图像最大强度值;文献[1]取暗原色图中亮度最大的 0.1% 像素,在这些像素当中取强度最大的像素点,对应输入图像的颜色被确定为大气光线值;文献[16,17]将景物表面反射率看作 RGB 空间里的向量,通过三维空间几何结构和最优化的方法来估计大气光线的方向和大小。但是,在实际的图像中,最明亮的像素点有可能是一辆白色的汽车或者是白色的建筑物;而通过最优化方法估计大气光线较为复杂,同时需要较强的假设条件,当假设条件不满足时,效果有限。因此,要根据图像的特征来选取适合的估算方法,得到尽量准确的大气光线值。

在得到图像每一点的 $t(x)$ 和 A 后,清晰图像可通过式(5-15)求得,即

$$J(x) = \frac{I(x) - A}{t(x)} + A \qquad (5-24)$$

当物体距相机较远位置时,大气光线在成像时贡献较大,物体表面辐射量衰减严重,相当于得到的图像包含噪声。极端情况下,即当直接散射 $t(x)$ 近似为零时,式(5-24)没有意义。同时也为增强图像的真实感,因此实际运算时为直接散射 $t(x)$ 设置一个下限,例如 $t(x) = \max(t(x), 0.1)$[1],以避免这种情况的发生。

5.3.2　关键参数估算

1. 透射率估算

由于在取得暗原色时需要将图像分成若干小块,而在局部区域内,透射率并不总是恒定的,因此,通过暗原色方法得到的透射率图通常都包含块效应,如图 5-6(b)所示,计算暗原色步长为 15×15。图 5-6(a)中,树为前景,房屋为背景。树包含了很多细节,从树叶或树枝到背景中的房屋,深度增加比较快。此时,若对包含了这些细节的图像块采用相同的步长计算,易导致图像处理结果在视觉出现块效应,因此估计透射率的同时应当顾及对深度突变边界的保护。

(a)　　　　　　　　　　　　　　(b)

图 5-6　雾天图像透射率图

基于上述分析,本节提出一种基于暗原色邻域相似性(Dark Channel Prior Based on Neighborhood Similarity, NSDCP)的图像去雾方法,通过分析暗原色点邻域内像素点的灰度分布,细化深度突变边界,从而改善透射率的不连续性。

一般而言,在图像中,相同物体景深和表面反射率较为接近。因此,当图像中某一区域内的像素点属于同一物体时,该区域内的暗原色点可以被准确赋值;而当区域内存在不同物体,特别是物体间景深差异较大时,位于不同物体分界线附近像素点的暗原色值往往会被错误的赋值,由此导致了边缘不清的块效应。针对这一问题,本节在得到图像暗原色图后,逐像素进行邻域相似性分析。

定义参数 w 来表示两像素点颜色的相似度:

$$w = \sqrt{\frac{\sum\limits_{c \in \{r,g,b\}} (I^c(x_i) - I^c(x))^2}{3}}, x_i \in \Omega(x) \qquad (5-25)$$

式中 $\Omega(x)$——以像素 x 为中心的三邻域;

  x_i——该邻域中的像素点;

  $I^c(x)$——像素点 xRGB 分量颜色值。

设 $w_j = w_{\min}$,即像素点 x 与 x_j 颜色最接近,则取 x_j 在暗原色图像中的灰度值,并将该值作为点 x 的暗原色值。该方法较普通暗原色图像法可在一定程度上恢复图像中不同物体间的分界线,证明如下:

情况 1:以图示步长 4×4 为例,图像分块后,局部区域内所含像素点属于同一物体,像素点间颜色差异在较小范围内。如图 $5-7$ 所示,划分局部区域得到暗原色图后,小区域内均为砖墙图像,放大后得到右侧所示的方格。

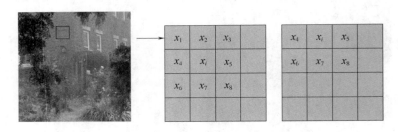

图 $5-7$ 暗原色图局部区域内为同一物体示意图

如第一个方格所示,当待校正像素点 x_i 位于小区域内部,在进行暗原色邻域分析时,将三邻域内像素点 $x_1 \sim x_9$ 三颜色通道最小值依次代入式($5-25$)作比较。由于小区域内为同一物体,$w_1 \sim w_9$ 相差很小,即使像素点 x_i 暗原色值被重新赋值,仍与原暗原色值相差很小。同理,当待校正像素点 x_i 位于小区域边缘,如第二个方格所示,将三邻域内像素点 $x_1 \sim x_9$ 依次代入式($5-25$)。由于像素点 x_1、x_2 和 x_3 为另一局部区域内像素点,一般情况下,$w_1, w_2, w_3 \geqslant w_4, w_5, w_6, w_7, w_8$,即像素点 x_1、x_2 和 x_3 与 x_i 的颜色差大于或等于像素点 $x_4 \sim$

x_8 与 x_i 的颜色差,像素点 x_i 暗原色值被重新赋值后仍然与原暗原色值相差很小。综上,当局部区域为同一物体时,该方法不会导致物体边界线的错误移动。

情况 2:图像分块后,局部区域内所含像素点属于不同物体,像素点间颜色和景深都有明显差异。如图 5 - 8 所示,暗原色图局部区域内包含 A、B 两物体,假设此区域暗原色点为像素点 x_8,根据暗原色规律,方格内所有点都被赋值为像素点 x_8 的暗原色值。显然,对于属于 A 物体的像素点 x_i,其暗原色取值错误。

图 5 - 8 暗原色图局部区域内包含边界示意图

在进行暗原色值邻域分析时,将三邻域内像素点 $x_1 \sim x_9$ 三颜色通道最小值依次代入式(5 - 25)做比较,一般情况下,$w_3, w_5, w_8 \geqslant w_1, w_2, w_4, w_6, w_7$ 成立,因此像素点 x_i 更趋向于被赋值像素点 x_1、x_2、x_4、x_6 和 x_7 的暗原色值,也就是说,$x_i \in A$ 的几率大于 $x_i \in B$ 的几率。同理,当移动 x_i 后,可依次修正每点的暗原色值。因此该方法可促使原来划分方法得到的错误边界线向正确的方向移动。

为保证初始暗原色值的准确性,令

$$\alpha = \min(\min_{c \in |r,g,b|}(I^c)) \qquad (5 - 26)$$

找到 α 对应像素点的位置,$I^{\mathrm{dark}}(\alpha)$ 即为初始的暗原色值。当 α 对应像素点不唯一时,依次比较其他颜色分量值,取最接近者。通过上述证明和分析处理,当某一区域内部为同一物体所对应像素点时,暗原色值基本保持不变;而当区域内含有不同物体时,则可以在一定程度上恢复不同物体间的边界线,即通过取得更为准确的暗原色值将属于同一物体的像素点进行正确的归类合并。如图 5 - 9(c)所示。相比图 5 - 9(b),经过处理的透射率图几乎没有块效应,边缘清晰。图 5 - 9(d)和(e)采用 Canny 算子对原始透射率图和改进后的透射率图进行边缘检测,相比图 5 - 9(d),图 5 - 9(e)的透射率图边缘显著细化,而且将前景的树木花草很好地分割出来,使景深分布更加合理。

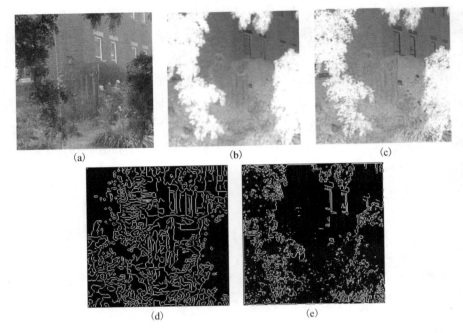

图 5 - 9　透射率图及 Canny 算子边缘检测结果

（a）原图;（b）、（d）暗原色方法得到的透射率图及边缘检测结果;

（c）、（e）基于暗原色邻域相似性方法得到的透射率图及边缘检测结果。

2. 天空亮度估算

大气散射模型中的大气光线 A 可理解为无穷远处大气光线的辐射强度。在图像处理中,这个值通常用户外图像无穷远处天空的亮度来近似代替。通过第 2 章的分析可知,当图像存在较大面积天空区域时,在其直方图灰度较大位置,会出现一个频数较大的峰。借鉴文献[15]中用于确定并分割天空的思想,同时利用暗原色原理,对于存在大面积天空区域的图像,提出了一种更为灵活有效的计算天空亮度的方法。具体如下:

（1）求原图像的暗原色图。

（2）提取该暗原色图像的直方图。

（3）设定灰度值区间 (s_1, s_2)。通常要求 s_1 的值大于 128,s_2 的值为 255。在区间 (s_1, s_2) 中寻找对应最多像素点的灰度值,可将该灰度值对应天空区域的颜色近似认定为大气光线值。

如图 5 - 10 所示为暗原色图直方图,灰度值较大处陡峭的峰被近似为天空区域,这样可以有效避免直接提取输入图像直方图出现的错误。图 5 - 11（a）

中红色圈定的白色区域即为算法所求得的天空区域的位置,通过调节 s_1、s_2 的值可以改变 E_∞ 的大小。由大量实验发现处理后的图像整体亮度会随 E_∞ 的增大而减小,所以合理地设定求取 E_∞ 的区间是调节处理后图像整体亮度的关键。

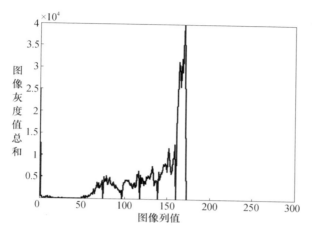

图 5-10　暗原色图直方图

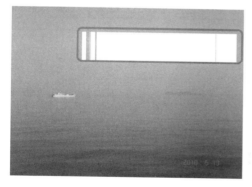

图 5-11　寻找大气光线值结果图

当图像没有天空区域或天空区域较少时,图像暗原色图灰度通常是连续的,没有集中的较大灰度值。这时可使用文献[1]的求取方法,取暗原色图中亮度最大的 0.1% 像素。在这些像素当中,取输入图像对应像素点颜色强度最大的作为大气光线值,如图 5-11(b)红色圈定区域。这两种基于暗原色先验的方法可以自动地估算所有图像中的大气光线值,而且比最明亮像素方法更加准确。

由于海上图像雾浓度普遍较大,颜色单一,同时此类图像一般包含天空、水面等大面积明亮区域。这些明亮区域即使在无雾的条件下,像素值也很大,因此区域内找不到像素值接近于零的暗原色点,导致暗原色值选取不准确,结果出现严重的色彩失真,如图5-12(b)所示。

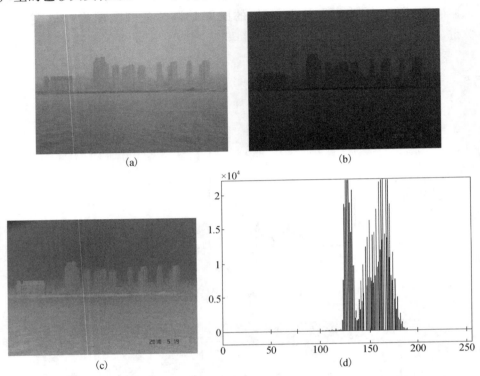

(a)　　　　　　　　　　　　　　(b)

(c)　　　　　　　　　　　　　　(d)

图5-12　含大片水面的雾天图像处理结果

(a) 原图;(b) 暗原色去雾效果;(c) 原图的暗原色图;(d) 暗原色图直方图。

实际上,图5-12(c)的暗原色直方图5-12(d)进一步说明了这个问题。为了克服这个问题,必须改进原有算法,扩展暗原色先验,以应对不同场景的雾化图像,提高算法鲁棒性。

利用式(5-18)不考虑暗原色先验时求透射率 t 的分布:

$$t(x) = \frac{1 - \min\limits_{c}\left(\min\limits_{y \in \Omega(x)}\left(\frac{I^c(y)}{A^c}\right)\right)}{1 - \min\limits_{c}\left(\min\limits_{y \in \Omega(x)}\left(\frac{J^c(y)}{A^c}\right)\right)} \quad (5-27)$$

在图像明亮区域,$\min\limits_{c}\left(\min\limits_{y \in \Omega(x)}\left(\frac{J^c(y)}{A^c}\right)\right)$不能近似为 0,上式分子小于 1。同时,由于明亮区域与 A 接近,所以式(5-27)对应的分母也会趋于很小的值。当 I 与 A 越接近,t 值越小,因此,式(5-27)就算得到透射率,由于分母的值很小,再除以很小的分子,尽管有些文献为 t 取了很小的阈值[1,18],通道间的颜色差异仍会被放大数倍,使得最终计算结果与原图的颜色有显著的色差,即色彩失真。

借鉴文献[19]在明亮区域降低去雾力度的思想,在原有算法框架内引入一个控制参数,对不满足暗原色先验的区域,重新计算透射率。可将式(5-24)改写为

$$J(x) = \frac{I(x) - A}{\alpha \cdot t(x)} + A \qquad (5-28)$$

其中

$$\alpha = \begin{cases} |I(x) - A| \leqslant k, & \dfrac{k}{|I(x) - A|} \\ |I(x) - A| > k, & 1 \end{cases} \qquad (5-29)$$

图 5-13 所示为 $k=50$ 时对透射率的影响曲线。这样,在满足暗原色先验的区域,透射率保持不变;在明亮区域,根据图像合理选择 k,可保证透射率不会错误地偏向很小的值。

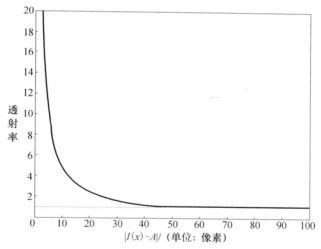

图 5-13 参数对透射率的影响曲线[19]

5.3.3 性能分析

通过加入透射率控制参数,可以简单有效地处理包含大面积明亮区域的海上雾天图像。图 5-14 是改进后的海上雾天图像处理结果,主观评测可以看出,图像色调偏暗的现象显著改善。参照 5.2.4 节,对去雾图像质量进行评价,表 5-1 给出了图 5-14 去雾后图像质量的客观评价指标,为了方便比对效果,实验结果主要与目前被公认效果最好的 He[1] 等人算法结果进行对比。通过

表5-1可以看出,直方图相关系数明显高于 He 暗原色方法,可见算法更好地保持了直方图的形状。

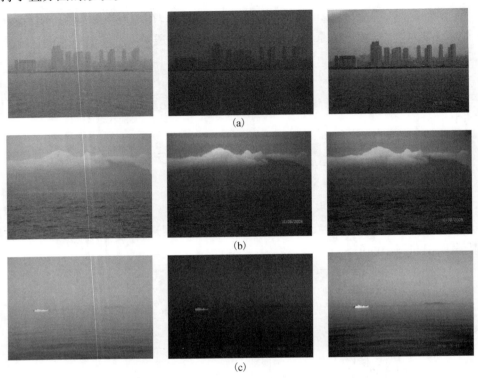

(a)

(b)

(c)

图5-14　海上雾天图像暗原色处理结果

从左至右依次为:原图;He 算法处理结果;本节方法处理结果。

表5-1　海上图像去雾后图像质量客观评价指标

图5-14	方法	平均梯度	边缘强度	信息熵	直方图相关系数	运算时间
(a)	He 方法	0.0047	0.0432	5.5609	-0.1785	30s 左右
1024×768	书中方法	0.0080	0.0821	6.8188	0.4699	8.58s
(b)	He 方法	0.0114	0.1098	6.8525	-0.0335	29s 左右
1104×828	书中方法	0.0124	0.1246	7.0007	-0.0145	9.04s
(c)	He 方法	0.0027	0.0278	5.8339	-0.2087	30s 左右
1024×768	书中方法	0.0046	0.0492	6.9554	0.8271	7.13s

　　由分析可见,改进算法对于不符合暗原色先验的图像处理能力显著提升。图5-15是含大片天空区域一般雾天图像,传统暗原色处理结果颜色过饱和,使用本节方法处理后,对于不符合暗原色先验的天空区域,颜色恢复更加真实。

图 5 - 15 含大片天空区域的雾天图像暗原色方法处理结果

图 5 - 16 是摄像采集得到的近岸视频图像序列及去雾结果,当时的天气条件是海面大雾,通过书中方法处理后,亮度和对比度都得到了很好的均衡,海面、尾流及远处建筑物信息都得到较好的恢复,可为靠泊时提供辅助决策。

第 20 帧图像

第 50 帧图像

第 70 帧图像

第 100 帧图像

第 125 帧图像

图 5-16　海上视频图像去雾结果

本章提出的基于暗原色邻域相似性的去雾方法,通过图像邻域像素之间颜色的相似性来细化透射率边缘,此外,提出利用暗原色直方图来估算大气光线的方法。实验结果表明,该方法可有效去雾,同时,算法运算速度较快,可用于视频的去雾处理。

然而,暗原色方法存在其固有缺陷,即对景物颜色和大气光线差别不大的图像,例如海上图像效果有限。基于此不足,本章提出利用控制参数对暗原色先验失效区域进行改进的方法,纠正了暗原色先验在明亮区域偏小的透射率,避免了这些区域产生的色彩失真。利用改进算法可有效处理海上雾天图像视频。

暗原色去雾方法处理颜色鲜艳、细节丰富的有雾图像效果较好。对于海上雾天图像,也需要包含一定的细节景物信息,如开阔的海面图像并不能取得令人满意的效果。因此,基于暗原色先验的去雾方法更适用于近岸航行和狭水道航行时雾天图像视频的处理。

5.4　基于单图景深分布模型的图像去雾方法

5.4.1　舰基图像景深分布模型

开阔海面上,A 为海面上方一观测点,O 为 A 在海面上的垂足,则到观测点 A 距离为 R 的点构成以 O 为圆心半径为 R 的圆,如图 5-17 所示。设 B、N 为圆上两等景深点,下面探讨 B、N 两点投影到图像上的景深关系。

1. 平视景深分布模型

由光学几何及透视投影知识可知,如图 5-18 所示,平视情况下 m 为所取的投影面,B 为观测点 A 正前方海面上的一点,则 C 为 B 在 m 上的投影,同时易知 D 为投影面上底边的中点。

126

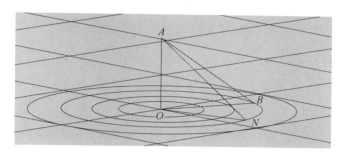

图 5 – 17　海面等景深点示意图

$$OD = \frac{AO}{\tan\beta} = \frac{H}{\tan\beta} \qquad (5-30)$$

式中　H——镜头距海面高度；

　　　β——镜头视角。

如图 5 – 19 所示，N 为海面上相对于 B 方位角为 θ 的一点，D、F 为 OB、ON 与投影面 m 的交点，由直角三角形性质易知

$$\begin{cases} DF = OD\tan\theta = \dfrac{H}{\tan\beta}\tan\theta \\ FN = ON - OF = R - \dfrac{H}{\cos\theta\tan\beta} \end{cases} \qquad (5-31)$$

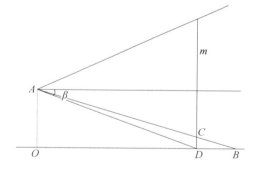

图 5 – 18　平视情况下影像形成原理图

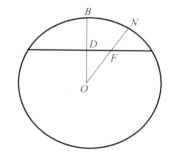

图 5 – 19　海面上对应点俯视分布图

如图 5 – 20 所示，K、G 分别为 B、N 点在投影面 m 上的投影点。设投影面 m 对应的图像大小为 $M \times N$，G 点在二维图像上的坐标为 (m,n)，则由三角形相似可知

$$\frac{FG}{AO} = \frac{FN}{ON} \qquad (5-32)$$

由上式得到

127

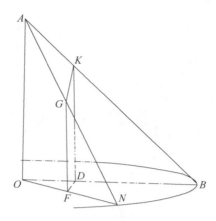

图 5 - 20 平视情况下透视投影原理图

$$FG = \frac{H}{R}\left(R - \frac{H}{\cos\theta\tan\beta} \right) \tag{5-33}$$

像素点坐标(m,n)约定为：图像左上角为m、n的起算位置，其数值分别向右、向下依次增大。由投影面m与图像上各像素点的对应关系可知

$$\begin{cases} \dfrac{2H}{N}(N-n) = \dfrac{H}{R}\left(R - \dfrac{H}{\cos\theta\tan\beta} \right) \\ \dfrac{(2m-M)}{N}H = \dfrac{H}{\tan\beta}\tan\theta \end{cases} \tag{5-34}$$

由式(5 - 34)可得

$$\theta = \arctan\left(\frac{(2m-M)}{N}\tan\beta \right) \tag{5-35}$$

$$R = \frac{HN}{(2n-N)\tan\beta}\sqrt{1 + \left(\frac{(2m-M)}{N}\tan\beta \right)^2} \tag{5-36}$$

由式(5 - 35)、式(5 - 36)可知，根据建立的景物深度分布模型，只要知道相机的视角β和拍摄点距海面的高度H两个参数，就可以得出二维图像上海面各景物的方位θ及距离R。进一步地，可以推导出该像素点所对应的实际景深：

$$D = \sqrt{ \left(\frac{HN}{(2n-N)\tan\beta} \right)^2 \left(1 + \left(\frac{(2m-M)}{N}\tan\beta \right)^2 \right) + H^2 } \tag{5-37}$$

另外，对于平视情况，当$n = \dfrac{N}{2}$时，此时$R = \infty$；当$n < \dfrac{N}{2}$时，此时式(5 - 37)中的R失去了实际意义，因此，此模型不适用于近焦距图像的处理。虽然海上图像大部分为开阔海域的广景深图像，但当$n \leqslant \dfrac{N}{2}$时，为了模型的完备性R取

$n > \dfrac{N}{2}$ 时的第一个值。

2. 任意俯角景深分布模型

图 5 – 21 中俯角为 α，视角为 β，m 为所取投影面，B 为观测点 A 正前方海面上的一点，则 C 为 B 在 m 上的投影，同时易知 D 为投影面上底边的中点。

由直角三角形性质可以得到

$$CD = BC\tan\alpha = \frac{H}{\cos\alpha} - \frac{H\tan\alpha}{\tan\beta}$$

$$OD = OB - BD = H\mathrm{ctan}\alpha - \frac{H}{\sin\alpha\cos\alpha} + \frac{H}{\tan\beta\cos\alpha} \qquad (5-38)$$

在图 5 – 22 中，N 为海面上相对于 B 方位角为 θ 的一点，D、F 为 OB、ON 与投影面 m 的交点，则

$$OF = \frac{OD}{\cos\theta} = \frac{H\mathrm{ctan}\alpha}{\cos\theta} - \frac{H}{\sin\alpha\cos\alpha\cos\theta} + \frac{H}{\tan\beta\cos\alpha\cos\theta} \qquad (5-39)$$

$$DF = OD\tan\theta = H\mathrm{ctan}\alpha\tan\theta - \frac{H\tan\theta}{\sin\alpha\cos\alpha} + \frac{H\tan\theta}{\tan\beta\cos\alpha}$$

$$= -H\tan\alpha\tan\theta + \frac{H\tan\theta}{\tan\beta\cos\alpha} \qquad (5-40)$$

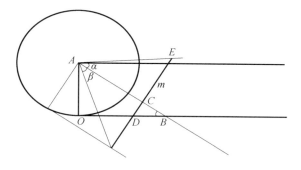 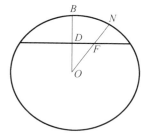

图 5 – 21　俯角为 α 时影像形成原理图　　　图 5 – 22　海面上对应点分布图

根据透视投影学原理，N 点在投影面 m 上的投影存在两种情况，一种是投影点位于投影面与海面交线下方的情况，另一种是投影点位于投影面与海面交线上方的情况。

如图 5 – 23 所示，当 N 的投影点位于投影面与海面交线上方时，AB、AN 分别交投影面于 C、J（即 B、N 在投影面上对应的像素点位置）。在面 AON 上 JL 垂直 ON 于 L，在投影面上 JM 垂直 DF 于 M。由 AO 垂直于底面易知 JL 亦垂直于底面，所以 $\angle JML = \dfrac{\pi}{2} - \alpha$，$\angle FLM = \theta$。

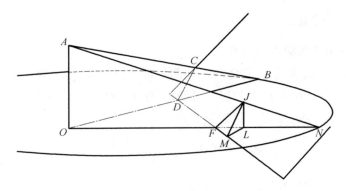

图 5 – 23　当 N 的投影点位于投影面与海面交线上方时的透视投影原理图

令 $\angle ANO = \gamma , JL = h ,$ 则

$$FM = LM\tan\theta = h\tan\alpha\tan\theta \tag{5-41}$$

$$FL = \frac{LM}{\cos\theta} = \frac{h\tan\alpha}{\cos\theta} \tag{5-42}$$

又由 $ON = OF + FL + LN ,$ 得到

$$h = \frac{R - \dfrac{H}{\tan\alpha\cos\theta} + \dfrac{H}{\sin\alpha\cos\alpha\cos\theta} - \dfrac{H}{\tan\beta\cos\alpha\cos\theta}}{\dfrac{\tan\alpha}{\cos\theta} + \dfrac{R}{H}} \tag{5-43}$$

所以

$$FM = LM\tan\alpha = h\tan\alpha\tan\theta$$

$$= H\tan\alpha\tan\theta - \frac{H\tan\alpha\tan\theta}{(H\tan\alpha + R\cos\theta)\cos\alpha\tan\beta}H \tag{5-44}$$

在直角三角形 JLM 中，$MJ = h\sec\alpha ,$ 在投影面上 J 点距投影面底边及左边沿的距离可以表示为 $\dfrac{2H(N-n)}{N}$ 和 $\dfrac{2Hm}{N} ,$ N 点在投影面的投影点 J 距投影面底边的距离为

$$OA - CD + MJ = H - \frac{H}{\cos\alpha} + \frac{H\tan\alpha}{\tan\beta} + h\sec\alpha$$

$$= H + \frac{H\tan\alpha}{\tan\beta} - \frac{H^2}{(H\tan\alpha + R\cos\theta)(\cos\alpha)^2\tan\beta} \tag{5-45}$$

J 点距投影面左边沿的距离为

$$\frac{M}{2} \times \frac{2H}{N} + DF + FM = \frac{MH}{N} + \frac{R\sin\theta}{(H\tan\alpha + R\cos\theta)\cos\alpha\tan\beta}H \tag{5-46}$$

故可以得到

$$\begin{cases} \dfrac{2H(N-n)}{N} = H + \dfrac{H\tan\alpha}{\tan\beta} - \dfrac{H^2}{(H\tan\alpha + R\cos\theta)(\cos\alpha)^2\tan\beta} \\[4mm] \dfrac{2Hm}{N} = \dfrac{MH}{N} + \dfrac{R\sin\theta}{(H\tan\alpha + R\cos\theta)\cos\alpha\tan\beta}H \end{cases} \qquad (5-47)$$

消去参数后可以得到所求像素点对应的海面景物的方位、距离分别为

$$\theta = \arctan\left\{ \dfrac{(2m-M)\cos\alpha\tan\beta}{\left[1 - \sin\alpha\cos\alpha\left(\dfrac{\tan\alpha}{\tan\beta} - \dfrac{N-2n}{N}\right)\tan\beta\right] \times N} \right\} \qquad (5-48)$$

$$R = \dfrac{(2m-M)H}{\left(\dfrac{\tan\alpha}{\tan\beta} - \dfrac{N-2n}{N}\right) \times N\cos\alpha\sin\theta} \qquad (5-49)$$

当投影点位于投影面与海面交线下方时，如图 5 - 24 所示，AB、AN 分别交投影面于 C、J（即 BM、N 在投影面上对应的像素点位置）。在面 AON 上 JL 垂直 ON 于 L，在投影面上 JM 垂直 DF 于 M。同样，$\angle JML = \dfrac{\pi}{2} - \alpha$，$\angle FLM = \theta$。

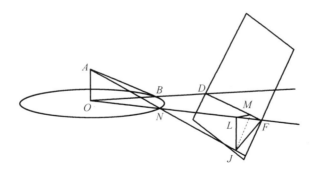

图 5 - 24　投影点位于投影面与海面交线下方时的透视投影原理图

令 $\angle ANO = \gamma$，$JL = h$，可得

$$FM = LM\tan\theta = h\tan\alpha\tan\theta \qquad (5-50)$$

$$FL = \dfrac{LM}{\cos\theta} = \dfrac{h\tan\alpha}{\cos\theta} \qquad (5-51)$$

$$h = \dfrac{R - \dfrac{H}{\tan\alpha * \cos\theta} + \dfrac{H}{\sin\alpha\cos\alpha\cos\theta} - \dfrac{H}{\tan\beta\cos\alpha\cos\theta}}{\dfrac{\tan\alpha}{\cos\theta} + \dfrac{R}{H}} \qquad (5-52)$$

所以

$$FM = LM\tan\alpha = h\tan\alpha\tan\theta$$

$$= H\tan\alpha\tan\theta H - \dfrac{H\tan\alpha\tan\theta}{(H\tan\alpha + R\cos\theta)\cos\alpha\tan\beta}H \qquad (5-53)$$

同理,在直角三角形 JLM 中,$MJ = h * \sec\alpha$,在投影面上 J 点距投影面底边及左边沿的距离可以表示为 $\dfrac{2H(N-n)}{N}$ 和 $\dfrac{2Hm}{N}$,N 点在投影面的投影点 J 距投影面底边的距离为

$$H + \frac{H\tan\alpha}{\tan\beta} - \frac{H^2}{(H\tan\alpha + R\cos\theta)(\cos\alpha)^2\tan\beta} \qquad (5-54)$$

J 点距投影面左边沿的距离为

$$\frac{MH}{N} + \frac{R\sin\theta}{(H\tan\alpha + R\cos\theta)\cos\alpha\tan\beta}H$$

因此可得

$$\begin{cases} \dfrac{2H(N-n)}{N} = H + \dfrac{H\tan\alpha}{\tan\beta} - \dfrac{H^2}{(H\tan\alpha + R\cos\theta)(\cos\alpha)^2\tan\beta} \\[3mm] \dfrac{2Hm}{N} = \dfrac{MH}{N} + \dfrac{R\sin\theta}{(H\tan\alpha + R\cos\theta)\cos\alpha\tan\beta}H \end{cases} \qquad (5-55)$$

消去参数后可以得到所求像素点对应的海面景物的方位、距离分别为

$$\theta = \arctan\left\{ \frac{(2m-M)\cos\alpha\tan\beta}{\left[1 - \sin\alpha\cos\alpha\left(\dfrac{\tan\alpha}{\tan\beta} - \dfrac{N-2n}{N}\right)\tan\beta\right] \times N} \right\}$$

$$R = \frac{(2m-M)H}{\left(\dfrac{\tan\alpha}{\tan\beta} - \dfrac{N-2n}{N}\right) \times N\cos\alpha\sin\theta} \qquad (5-56)$$

经分析可知当 $\dfrac{\tan\alpha}{\tan\beta} = \dfrac{N-2n}{N}$,即 $n = \dfrac{N}{2} \times \left(1 - \dfrac{\tan\alpha}{\tan\beta}\right)$ 时,R 为无穷大。而 $n < \dfrac{N}{2} \times \left(1 - \dfrac{\tan\alpha}{\tan\beta}\right)$ 时,景深模型中 R 也为无穷大,但不再具有合理的物理意义。为了模型的完备性此时 R 取 $n > \dfrac{N}{2} \times \left(1 - \dfrac{\tan\alpha}{\tan\beta}\right)$ 时的第一个值。

由式(5-55)消去参数 θ 和 R 可得

$$\left(\frac{2m-M}{N}\right)^2 + \frac{H^2\tan^2\alpha - R^2}{H^2} \times \left[\cos\alpha\left(\frac{\tan\alpha}{\tan\beta} - \frac{N-2n}{N}\right) - \frac{H^2\tan\alpha}{\cos\alpha\tan\beta(H^2\tan^2\alpha - R^2)}\right]^2$$

$$= \left(\frac{H^2\tan\alpha}{\cos\alpha\tan\beta(H^2\tan^2\alpha - R^2)}\right)^2 - \frac{1}{\cos^2\alpha\tan^2\beta} \qquad (5-57)$$

分析上式可知,随着海面上景物距离 R 的由小变大,式中 $H\tan\alpha - R$ 的值将由正减小到零,并进一步变为负数,海面上的等景深线在二维图像上所对应的投影曲线也将由椭圆逐步变为抛物线,并进一步成为双曲线。但实际中,用于舰艇辅助导航的影像通常是在平视或小俯角情况下拍摄的,所以多数情况下

$H\tan\alpha - R < 0$,此时二维图像上等景深线所对应的投影曲线多表现为双曲线。

由式(5–57)可以得到海面上任一等景深线在二维图像上的分布,当 H 取 10m,视角 β 取 0.3528,R 分别取 50m、51m、…、10 海里时,可以得到一系列等景深线在二维图像上的分布情况,如图 5–25 所示。

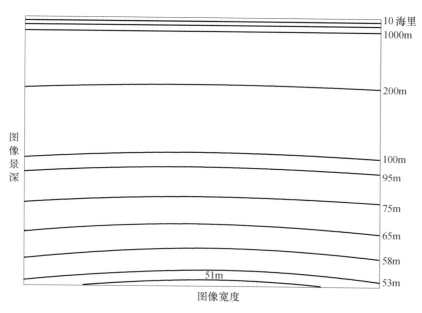

图 5–25　二维图像上等景深线的分布图

从图中可见,随着 R 的不断增大,等景深线在二维图像上的分布趋近于一条条平行于底边的直线,这也证明了交互式方法中提出的等景深线模型是景深分布模型的极限近似形式。由于在近处区域,雾对图像对比度造成的影响相对较小,所以这些区域像素点按照直线近似得到景深也是可行的。

为验证景深公式的正确性,选取类似海面条件的广场平面进行了如图 5–26 和图 5–27 所示的平视及俯视实验,在平坦地面上选取 6 个预先设定的点为采样点,采用标定好的普通佳能 S3 型相机,图像大小设定为 1600×1200 像素。分别针对平视及一系列的俯角情况进行了实验。这里给出平视和俯角为 arctan (1/6)时的两组实验结果,其值如表 5–2 和表 5–3 所示。

由表 5–2 和表 5–3 可以看出,在平视和一定俯角情况下,由本章舰基图像景深分布模型得出的距离误差都在可接受范围内。因此,这种基于单幅图像景深模型计算所得的数据可以满足实际舰基图像去雾处理的需求,也为基于单目视觉的海面物体测距定位提供了一种新的思路。

图 5 - 26　平视实验图　　　　图 5 - 27　俯角为 arctan(1/6)时的实验图

表 5 - 2　平视情况方位距离测量结果

位置点	测得方位 /rad	实际方位 /rad	误差 /rad	测得距离 /m	实际距离 /m	误差 /m
1	- 0.2432	- 0.245	0.0018	6.1045	6.1846	- 0.0801
2	0.246	0.245	0.001	6.2756	6.1846	0.091
3	0.3799	0.3805	- 0.0006	8.3865	8.0778	0.3087
4	0.401	0.4049	- 0.0039	11.5456	11.4237	0.1219
5	0.3202	0.3218	- 0.0016	15 - 1275	15 - 2302	- 0.1027
6	0.1815	0.1799	0.0016	15.8453	16.7705	- 0.9252

表 5 - 3　一定俯角($\alpha = $arctan(1/6))情况下方位距离测量结果

位置点	测得方位 /rad	实际方位 /rad	误差 /rad	测得距离 /m	实际距离 /m	误差 /m
1	- 0.245	- 0.245	0	6.1847	6.1846	0.0001
2	0.2463	0.245	0.0013	6.1867	6.1846	0.0021
3	0.3801	0.3805	- 0.0004	8.1185	8.0778	0.0407
4	0.4007	0.4049	- 0.004	11.7064	11.4237	0.2827
5	0.3198	0.3218	- 0.002	15 - 2381	15 - 2302	0.0079
6	0.1806	0.1799	0.0007	16.5308	16.7705	- 0.2397

5.4.2　单图景深模型去雾方法

设大小为 $M \times N$ 的雾天图像,所要求得的海面任一像素点坐标为 (m, n)。由上节内容可知,对于平视情况下获取的图像,像素点 (m, n) 所对应的海面方位和距离分别为

$$\theta = \arctan\left(\frac{(2m-M)}{N}\tan\beta\right)$$

$$R = \frac{HN}{(2n-N)\tan\beta}\sqrt{1 + \left(\frac{(2m-M)}{N}\tan\beta\right)^2} \qquad (5-58)$$

继续推导可得此时像素点的实际景物深度为

$$D = \sqrt{\left(\frac{HN}{(2n-N)\tan\beta}\right)^2\left(1 + \left(\frac{(2m-M)}{N}\tan\beta\right)^2\right) + H^2} \qquad (5-59)$$

因此，在平视情况下，只要测得镜头距海面的高度 H 及此时相机的视角 β，就可以由图像直接求得景物相对于测量点的方位 θ、距离 R 和任一像素点对应的景物深度 D。而对于位置固定的定焦距影像摄录设备，仅依靠图像本身的数据就可以实现景深的计算及海面物体方位和距离的测定。

对于任意俯角获取的图像，所求像素点对应物体的方位、距离和景物深度可以由如下各式求得

$$\theta = \arctan\left\{\frac{(2m-M)\cos\alpha\tan\beta}{\left[1 - \sin\alpha\cos\alpha\left(\frac{\tan\alpha}{\tan\beta} - \frac{N-2n}{N}\right)\tan\beta\right] \times N}\right\} \qquad (5-60)$$

$$R = \frac{(2m-M)H}{\left(\frac{\tan\alpha}{\tan\beta} - \frac{N-2n}{N}\right) \times N\cos\alpha\sin\theta} \qquad (5-61)$$

$$D = \sqrt{\left(\frac{H}{\left(\frac{\tan\alpha}{\tan\beta} - \frac{N-2n}{N}\right)\cos^2\alpha\tan\beta} - H\tan\alpha\right)^2 + \left(\frac{(2m-M)H}{\left(\frac{\tan\alpha}{\tan\beta} - \frac{N-2n}{N}\right) \times N\cos^2\alpha}\right)^2 + H^2}$$

$$(5-62)$$

因此，在任意俯角情况下，只要能够测得相机距海面的高度 H、相机视角 β 及拍摄时的俯角 α，就可以求得像素点对应海面景物的方位 θ、距离 R 和对应的景物深度 D。当拍摄时俯角 $\alpha = 0°$ 时，任意俯角情况等同于平视情况，即平视情况为任意俯角情况的特殊形式。

根据大气散射模型，可得

$$E_0(\lambda) = E_\infty(\lambda) - (E_\infty(\lambda) - E(d,\lambda)) \times e^{\beta d} \qquad (5-63)$$

如第 3 章所述，海上图像颜色单一，不具有较多的局部阴影、较为丰富的色彩等条件，暗原色点匮乏，因此不适用于传统的暗原色先验去雾方法。但是海面上某些小的区域常存在着漂浮的暗色物体或由浪花等引起的小块阴影，因此至少可以找到一个较为准确的暗原色点，我们以此点作为基准景深点 d_0。由暗原色先验可知，在晴好天气下暗原色点的像素值趋近于零，即 $E(d,\lambda) \approx 0$，因此基

准景深点在暗原色通道颜色的改变可看作是雾的叠加作用,其对暗原色通道亮度造成的影响为

$$E_{d_0}^{\mathrm{dark}} = E_{\infty}^{\mathrm{dark}} (1 - \mathrm{e}^{\beta d_0}) \tag{5-64}$$

整理得到

$$\beta d_0 = -\ln\left(1 - \frac{E_{d_0}^{\mathrm{dark}}}{E_{\infty}^{\mathrm{dark}}}\right) \tag{5-65}$$

对于任意的景深 d 有

$$\beta d = d \times \frac{\beta d_0}{d_0} = -\frac{d}{d_0}\ln\left(1 - \frac{E_{d_0}^{\mathrm{dark}}}{E_{\infty}^{\mathrm{dark}}}\right) \tag{5-66}$$

将式(5-66)代入式(5-63),得到对应于距离 d 的像素值为

$$E_x(\lambda) = E_{\infty}(\lambda) - \frac{E_{\infty}(\lambda) - E(d,\lambda)}{\left(1 - \dfrac{E_{d_0}^{\mathrm{dark}}}{E_{\infty}}\right)^{\frac{d}{d_0}}} \tag{5-67}$$

式(5-67)中,大气光线 E_{∞} 的选取仍采用天空亮度选取算法。大量实验证明,处理后的图像整体亮度会随 E_{∞} 的减小而增大,所以通过合理设定区间 (s_1, s_2) 的端点位置可以使处理后的图像整体亮度达到较为理想的效果。由于大气散射模型用于解释雾天降质图像形成机理有着自身的局限性[12],对于景深 d 的量级没有明确的定义,实验结果表明它更适合景物深度不大的情况,因此当景物深度在数海里以上时,经典的大气散射模型并不适用。该方法通过变换大气散射模型形式,利用相对景深,能够很好的回避和解决这个问题。

综上所述,基于单幅图像景深分布模型的图像去雾方法是在景深分布模型的基础上,利用暗原色思想获取图像的基准景深及天空亮度,再利用相对景深方法最终实现雾天降质图像的清晰化处理。具体步骤如下:

(1)求图像每一像素点 R、G、B 三个颜色通道的最小值,以此作为该像素点的亮度值,建立暗原色图。

(2)在暗原色图上寻求亮度值最小的点,将该点作为基准景深点,其对应亮度值为 E_0,景深为 d_0。

(3)根据视点高度和视角,通过景深模型计算图像每一像素点的景物深度 d。

(4)在步骤(2)得到的暗原色图上求取天空亮度 E_{∞}。

(5)将求得的 d_0、E_0、E_{∞} 及每一像素点对应的景深 d 代入式(5-67),依次求得每一像素点在晴好天气下的亮度。

5.4.3 性能分析

从图 5 – 28 海上图像的处理效果可以看出,传统的暗原色方法由于输入图像有着较大面积的天空区域,景物色彩过于单一且没有太多暗色表面或阴影,所以效果显得十分有限,同时其对天空亮度值的选取方法也使得处理后的图像存在整体偏暗的现象。同样是基于景深的去雾算法,根据景深分布模型恢复的图像比利用交互式算法近似景深恢复的图像色彩更逼真,海面雾气去除更彻底。其中,景深分布模型参数 $\alpha = 0°$, $\beta = 45°$, $H = 1000$。表 5 – 4 给出了几种方法去雾图像质量客观评价指标,基于景深分布模型的去雾方法在结构评价指标好于两外两种方法,由于色彩还原力度加强,因此的交互式去雾方法在颜色评价指标略好于方法,指标基本反映了主观测评的结果。

原图 He 方法

交互方法景深模型方法

(a)

原图 He 方法

交互方法景深模型方法
(b)

图 5 - 28　海上实拍图像去雾结果

表 5 - 4　图 5 - 28 海上图像去雾后图像质量客观评价指标

图 5 - 28	方法	平均梯度	边缘强度	信息熵	直方图相关系数
(a) 1024×768	He 方法	0.0089	0.0807	7.1558	0.02352
	交互式方法	0.0120	0.1260	6.9135	0.6472
	景深方法	0.0164	0.1726	7.5681	0.2648
(b) 1024×768	He 方法	0.0076	0.0700	6.6083	0.1042
	交互式方法	0.0139	0.1257	6.9268	0.7235
	景深方法	0.0121	0.1410	6.9835	0.2738

　　图 5 - 29 是一组海上雾天视频图像序列,景深分布模型实验参数 $\alpha = 0°$,$\beta = 45°$,$H = 1000$。处理后图像对比度得到大幅提升,海面细节更加丰富,特别是远处的建筑物轮廓更加清晰。

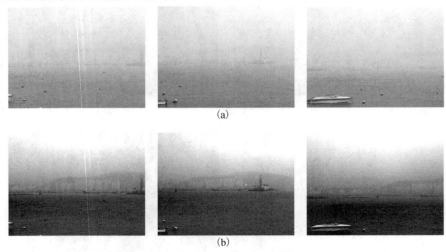

(a)

(b)

图 5 - 29　海上视频截图去雾结果

(a) 视频截图;(b) 去雾结果。

图 5 – 30 给出了两组对于广景深且深度变化不大的陆上俯视图像的处理结果,实验参数 $\alpha = \arctan0.1$,$\beta = \arctan0.25$,$H = 1000$。对比结果显示,三种方法都能较好地去除图像中雾的作用,无论颜色还是细节,本节方法去雾效果都好于 Fattal 的最优化方法,同时在颜色保真度上方法好于 He 算法的处理结果。表5 – 5的图像质量客观评价指标反映了相同的结果。算法耗时方面,Pentium Dual – Core 2.60GHz 1GB PC 实验环境,对于1024 * 768 彩色图像,景深算法运行时间为20s 左右。

表 5 – 5　　图 5 – 30 去雾图像质量客观评价指标

图 5 – 30	方法	平均梯度	边缘强度	信息熵	直方图相关系数
(a) 983 × 679	Fattal 方法	0.0486	0.4774	7.8435	0.1207
	He 方法	0.0533	0.5235	7.8237	0.4666
	景深方法	0.0529	0.5190	7.7876	0.5810
(b) 332 × 500	Fattal 方法	0.0379	0.3755	7.3081	0.1026
	He 方法	0.0427	0.4228	6.9936	0.7089
	景深方法	0.0497	0.4932	7.1968	0.5316

(a)

(b)

图 5-30 去雾图像对比

（依次为：雾天图像；Fattal 方法去雾结果；He 暗原色方法处理结果；景深方法处理结果）

5.5 本 章 小 结

为了能够消除海雾对舰基图像的影响,本章分别研究了舰基图像的对比度特征、空间域特征以及频域特征等内容；同时,根据图像暗原色特性,研究了基于邻域相似性的暗原色去雾方法。该方法通过图像邻域像素间颜色的相似性来修正每一像素点的暗原色值,从而细化透射率图边缘。

然而,暗原色方法对景物颜色和大气光线差别不大的图像,例如广阔海面图像,去雾效果有限,为此利用控制参数对暗原色先验失效区域进行改进,通过参数纠正了暗原色先验在明亮区域估计偏小的透射率,避免了这些区域产生的色彩失真,可有效消除海雾对舰基图像的影响。

本章 5.4 节提出了基于单幅图像景深分布模型的雾天图像清晰化算法,较好地解决了无法真正利用经典大气散射模型及单幅图像景深信息实现雾天图像清晰化的难题。多个场景的雾天降质图像恢复结果验证了本章算法的有效性。

本章提出的两种舰基图像去雾方法,适用范围不同,各有特点,可以根据实际需求,进行针对性算法设计和实现。

参 考 文 献

[1] He Kaiming,Sun Jian,Zhou Xiaoou. Single Image Haze Removal Using Dark Channel Prior[C]. Proceedings of IEEE CVPR. Miami,USA:IEEE Computer Society,2009:1955 – 1963.

[2] Fattal R. Single image dehazing[J]. ACM Transactions on Graphics(Siggraph 2009),2008,27(3):1 – 8.

[3] Duntley S Q. The reduction of apparent contrast by the atmosphere[J]. Journal of the Optical Society of America,1948,32(2):179 – 191.

[4] 陈先桥. 雾天交通场景中退化图像的增强方法研究[D]. 武汉:武汉理工大学,2008.

[5] Chazvez P. An improved dark – object subtraction technique for atmospheric scattering correction of multispectral data[J]. Remote Sensing of Environment,1988,24:450 – 479.

[6] 禹晶,徐东彬,廖庆敏. 图像去雾技术研究进展[J]. 中国图像图形学报,2011,16(9):1561 – 1576.

[7] 方帅,王勇,曹洋,等. 单幅雾天图像复原[J]. 电子学报,2010,(38)10:2280 – 2284.

[8] 黄晓军,来彦栋,陈奋. 快速去除单幅图像雾霾的算法[J]. 计算机应用,2011,30(11):3028 – 3031.

[9] 王燕,伍博,谷金宏. 一种单幅图像去雾方法[J]. 电光与控制,2011,18(4):65 – 68.

[10] Chen Mengyang, Men Aidong, Fan Peng, et al. Single image defogging[C]. Proceedings of IC – NIDC. Beijing,China:IEEE,2009:675 – 679.

[11] 禹晶,李大鹏,廖庆敏. 基于物理模型的快速单幅图像去雾方法[J]. 自动化学报,2011,37(2):143 – 149.

[12] Kopf J, Neubert B, Chen B, et al. Deep photo:model – based photograph enhancement and viewing[J]. ACM Transactions on Graphics(Siggraph Asia 2008),2008,27(5):111 – 116.

[13] Narasimhan S G,Nayar S K. Interaetive(De)weatheringofanImageUsingPhysical Models[C]. ICCV Workshop on CPMCV. Nice,France:IEEE Computer Society,2003.

[14] 芮义斌,李鹏,孙锦涛. 一种交互式图像去雾方法[J]. 计算机应用,2006,26(11):2733 – 2735.

[15] 詹翔,周焰. 一种基于局部方差的雾天图像增强算法[J]. 计算机应用,2007,27(2):510 – 512.

[16] Narasimhan S G,Nayar S K. Vision and the atmosphere[J]. International Joumal of Computer Vision. 2002,48(3):233 – 254.

[17] Narasimhan S G,Nayar S K. Chromatic frameworkfor visionin bad weather[C]. Proceedings of IEEE CVPR. Hilton Head Island,USA:IEEE Computer Society,2000,1:1598 – 1605.

[18] 杨靖宇,张永生,邹晓亮,等. 利用暗原色先验知识实现航空影像快速去雾[J]. 武汉大学学报信息科学版,2011,35(11):1292 – 1295.

[19] 蒋建国,侯天峰,齐美彬. 改进的基于暗原色先验的图像去雾算法[J]. 电路与系统学报,2011,(16)2:7 – 12.

第 6 章　舰基图像舰船要素解算

第6章 舰基图像舰船要素解算

6.1 引 言

舰船（运动、位置）要素通常包括推进性、惯性、旋回性以及舰船位置信息等,它们对于舰船的航行安全有着重要意义。目前,一般采用传统的方法对它们进行测量:推进性测量依赖于沿海测速场,惯性测量凭目力观测木块,旋回性测量采用叠标水平角法[1]等。由于它们均须在专用的航行区域内才能进行测量,并且对场地有着较高的要求,如必须要有开阔的水域和适当的水深,潮汐、海流、风浪也必须在一定的范围内。而我国拥有的测速场自然条件并不优越,水深普遍偏浅,受潮流的影响普遍偏大,对测量的精度和具体实施过程都有着诸多不利的影响。同时,由于沿海开发的不断深入,使得测速区的可航水域越来越小,而舰船大型化的趋势又使得测速区水深越来越不能满足测量要求,特别是已成为当前主流的新型全封闭舰艇,更是使得本来就十分烦琐的传统测量方法组织实施起来难度更大。

为此,近来曾有报道提出采用 DGPS 定位信息进行测定的方法[2],虽然可在一定程度上弥补传统方法的某些不足,但由于其自身也存在着种种缺陷,如定位的精度难以得到保证,而在战争等特定时期,受制于人的 GPS 极可能无法再为我所用等,显然我们也不能完全依赖这一方法。因此,寻求舰船（运动、位置）要素的新型测量方法是十分必要的。本章将依据光流场理论,提出新的舰船（运动、位置）要素测量方法,并对其原理进行较为详尽的探讨。

6.2 摄像机标定方法

摄像机标定的概念首先来自于一门称为摄影测量学（Photogrammetry）的技术学科[3-5]。摄影测量学中所使用的方法是数学解析分析的方法,在标定过程中利用数学方法对从数字图像中获得的数据进行处理,建立专业量测摄像机与非量测摄像机的联系,从而得到摄像机参数。所谓的非量测摄像机是指这样一类摄像机,其内部参数完全未知、部分未知或者原则上不稳定。摄像机参数包括两类:内部参数和外部参数。摄像机的内部参数指的是摄像机成像的基本参数,如主点(理论上是图像帧存的中心点,但在实际上,由于摄像机制作的原因,图像实际中心与帧存中心并不重合)、实际焦距(与标称焦距值有一定差距)、径向镜头畸变、切向镜头畸变以及其他系统误差参数,而摄像机的外部参数指的是摄像机相对于某个外部世界坐标系的方位。摄像机标定的目的就是获取这些内外参数。

传统的摄像机标定方法是在一定的摄像机模型下,基于特定的实验条件如形状、大小已知的标定参照物,利用标定参照物上的一些点的三维坐标和相应的图像点坐标,通过一系列数学变换和计算方法,求取摄像机模型的内部参数和外部参数。

从计算方法的角度上看,传统的摄像机标定方法可分为四类,即线性的标定方法、非线性优化方法、考虑畸变补偿的两步标定法和采用更为合理的摄像机模型的双平面标定方法。

基于平面模板标定算法的特点是标定工具简单,仅需要一块信息已知的平面模板;标定操作灵活,拍摄一幅或多幅图像即可完成标定。这类算法的代表是张正友的基于多幅平面模板图像的标定算法[6]和 Tsai 的基于单幅平面模板图像的标定算法[7]。

张正友提出的基于多幅平面模板图像的标定算法操作简便、使用灵活,但在计算过程中,需要多次进行非线性优化计算,解算单应性矩阵时,每幅图像需要进行一次非线性优化;算法中对摄像机内外参数求精步骤还需进行非线性优化。因此,该算法对标定数据、优化初值都有很高的要求,如果优化过程设计不恰当,则优化过程可能不稳定。Tsai 提出的基于单幅平面模板标定算法也需要进行非线性优化计算,所以也存在同样的问题。在对 Tsai 算法进行深入研究后,基于该算法,引入交比不变性原理,对原算法的两步求解进一步细分,提出了一种线性三步标定算法。下面首先介绍 Tsai 算法的摄像机模型,然后推导算法的计算公式,最后对算法进行数值仿真实验和真实图像实验。

6.2.1　摄像机模型

如图 6-1 所示,设 (x_w, y_w, z_w) 是三维世界坐标系中物体点 P 的三维坐标, (x_c, y_c, z_c) 是同一点 P 在摄像机坐标系中的三维坐标。将摄像机坐标系定义为中心在 O_c 点(摄像机的光心),且 z 轴与光轴重合的坐标系;$O-xy$ 是图像坐标系,其中心在 O 点(光轴与图像平面的交点),x、y 轴分别平行于摄像机坐标系的 x、y 轴。(x_u,y_u) 是在理想针孔摄像机模型下 P 点投影到图像坐标系上的投影点坐标,(x_d,y_d) 是由透镜径向畸变引起的偏离理想坐标 (x_u,y_u) 的实际投影点坐标;(u,v) 是计算机帧存坐标系中 P 点的投影点坐标,单位是像素(pixel)。有效焦距 f 是光学中心到图像平面的距离。

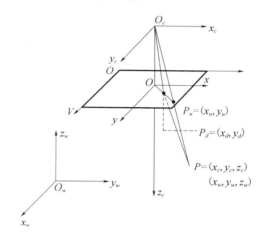

图 6 - 1　Tsai 算法摄像机模型

从三维世界坐标系到计算机图像坐标系的完整变换可分为以下四步:

（1）三维空间坐标系到摄像机坐标系的变换,即从 (x_w,y_w,z_w) 到 (x_c,y_c,z_c) 的变换:

$$\begin{bmatrix} x_c \\ y_c \\ z_c \end{bmatrix} = \boldsymbol{R} \begin{bmatrix} x_w \\ y_w \\ z_w \end{bmatrix} + \boldsymbol{T} \tag{6-1}$$

式中　$\boldsymbol{R}$ 和 $\boldsymbol{T}$——分别为从世界坐标系到摄像机坐标系的旋转和平移变换;

　　　　$\boldsymbol{R}$——3×3 的正交矩阵;

　　　　$\boldsymbol{T}$——3×1 的平移向量。

式(6-1)中独立变量共 6 个,即反映旋转变换的 3 个转角及反映平移变换的 3 个平移分量。

$$\boldsymbol{R} = \begin{bmatrix} r_1 & r_2 & r_3 \\ r_4 & r_5 & r_6 \\ r_7 & r_8 & r_9 \end{bmatrix} = \begin{bmatrix} \cos(\theta)\cos(\phi) & \cos(\psi)\sin(\phi) + \sin(\psi)\sin(\theta)\cos(\phi) & \sin(\psi)\sin(\phi) - \cos(\psi)\sin(\theta)\cos(\phi) \\ -\cos(\theta)\sin(\phi) & \cos(\psi)\cos(\phi) - \sin(\psi)\sin(\theta)\sin(\phi) & \sin(\psi)\cos(\phi) + \cos(\psi)\sin(\theta)\sin(\phi) \\ \sin(\theta) & -\sin(\psi)\cos(\theta) & \cos(\psi)\cos(\theta) \end{bmatrix}$$

$$\boldsymbol{T} = [T_x, T_y, T_z]$$

（2）针孔摄像机模型下的理想透视投影变换为

$$\begin{cases} x_u = f \dfrac{x_c}{z_c} \\ y_u = f \dfrac{y_c}{z_c} \end{cases} \qquad (6-2)$$

（3）一阶径向畸变模型。受镜头畸变的影响，实际投影点坐标 (x_d, y_d) 与理想投影点坐标 (x_u, y_u) 间有着一定偏差，这里仅考虑一阶径向畸变的影响，其可以表示为

$$\begin{cases} x_u = (1 + k r_d^2) x_d \\ y_u = (1 + k r_d^2) y_d \end{cases} \qquad (6-3)$$

式中　r_d^2——径向半径的平方；

$r_d^2 = x_d^2 + y_d^2$；k——径向畸变系数。

（4）实际投影点坐标到计算机图像坐标系下投影点坐标间的变换：

$$\begin{cases} u = u_0 + s_x x_d \\ v = v_0 + s_y y_d \end{cases} \qquad (6-4)$$

式中　(u_0, v_0)——计算机帧存图像中心的坐标；

(s_x, s_y)——图像平面单位距离上 x、y 方向的像素数（pixels/mm），即比例系数。

由上面所述，需要标定的参数包括：

外部参数：$\boldsymbol{R}$ 和 $\boldsymbol{T}$，共 6 个独立变量；

内部参数：f 为有效焦距、k 为径向畸变系数、u_0, v_0 为计算机帧存图像中心的坐标、s_x, s_y 为 x 和 y 方向的比例系数，共 6 个变量。

6.2.2　线性三步标定

1. 预标定

采用 Tsai 的算法标定摄像机参数，需要预先标定一部分内部参数：比例系数 s_x, s_y 和图像中心点 u_0, v_0。标定方法如下：

1）比例系数（Scale Factor）

通常，y 方向的比例系数 s_y 由 CCD 硬件制造厂给出，而 x 方向的比例系数 s_x 受时序及采样的影响，是不确定的。最简单的方法就是垂直拍摄一个圆环，然后计算水平方向和垂直方向上的直径比 s_y/s_x。这种方法简单直接，而且有足够的精度。

2）图像中心点

当一个摄像机系统的有效焦距变化时,视场将有一个比例扩缩变化,在这个过程中,只有一个图像点,即视场中心是保持不变的。假设小孔摄像机的焦距变化时,小孔沿光轴运动,则视场扩缩中心就是光轴与图像平面的交点,也就是图像中心点。根据这个原理,用两个不同焦距的镜头分别拍摄同一景物,然后计算扩缩中心就可以求得图像中心点 (u_0,v_0)。

假设有效焦距由 f 变至 f',由式(6-2)和式(6-3)可得

$$\frac{u-u_0}{u'-u_0}=\frac{x_d}{x_d'}=\frac{x_u/(1+kr_d^2)}{x_u'/(1+kr_d'^2)}=\frac{fz_c'/(1+kr_d^2)}{f'z_c/(1+kr_d'^2)}$$

$$\frac{v-v_0}{v'-v_0}=\frac{y_d}{y_d'}=\frac{y_u/(1+kr_d^2)}{y_u'/(1+kr_d'^2)}=\frac{fz_c'/(1+kr_d^2)}{f'z_c/(1+kr_d'^2)}$$

由上面两式可得

$$u_0(v-v')+v_0(u'-u)=u'v-uv' \qquad (6-5)$$

式中　(u,v)——在有效焦距 f 下某控制点的计算机帧存坐标系下的坐标;

(u',v')——在有效焦距 f' 下该控制点的计算机帧存坐标系下的坐标。

根据式(6-5),取多个控制点在两个焦距下的坐标值,利用最小二乘法即可求得 (u_0,v_0)。

在该模型中,需要标定的参数共 12 个,外部参数 6 个,即旋转矩阵中绕 3 个坐标轴的旋转角以及平移矩阵中沿 3 个坐标轴方向的位移;内部参数有 6 个,即 u_0,v_0,s_x,s_y,f,k。内部参数中 u_0,v_0,s_x,s_y 4 个参数已经在预标定过程中确定。因此,这里只需求解全部外部参数及有效焦距 f 和畸变系数 k。

本算法是在 Tsai 两步法的基础上提出的。Tsai 的两步标定法在第二步计算一阶径向畸变、有效焦距和 z 轴的平移向量时,由于需要使用非线性最优化方法,故可能存在解不稳定的情况。针对该问题,本算法在第二步解算时,首先根据透视投影的交比不变性来解算一阶径向畸变参数,然后由已求得的摄像机参数建立关于有效焦距 f 和 z 轴的平移量 T_z 的方程。由于该方程为线性的,因此采用最小二乘法即可得到线性解。

2. 求旋转矩阵 **R** 和平移矩阵 **T** 的 T_x,T_y 分量

根据径向排列约束(Radial Parallelism Constraint,RAC)的要求,对成像平面上的每一个目标点 P,向量 **OP$_d$** 和向量 **P$_{oz}$P** 有相同的方向,其中 O 是图像的中心,$P_d=(x_d,y_d)$ 是图像平面上畸变后的像点。(x_c,y_c,z_c) 是 P 点在摄像机坐标系中的坐标,P_{oz} 坐标是 $(0,0,z)$。这样 RAC 可表示为

$$OP_d = P_{oz}P$$

由于

$$R = \begin{bmatrix} r_1 & r_2 & r_3 \\ r_4 & r_5 & r_6 \\ r_7 & r_8 & r_9 \end{bmatrix}, T = \begin{bmatrix} T_x \\ T_y \\ T_z \end{bmatrix}$$

由式(6-1)和 RAC 可得

$$\frac{x_c}{y_c} = \frac{x_d}{y_d} = \frac{r_1 x_w + r_2 y_w + r_3 z_w + T_x}{r_4 x_w + r_5 y_w + r_6 z_w + T_y} \tag{6-6}$$

移项整理,变换后可得到以下矩阵形式的方程:

$$\begin{bmatrix} x_w y_d & y_w y_d & z_w y_d & y_d & -x_w x_d & -y_w x_d & -z_w x_d \end{bmatrix} \times \begin{bmatrix} r_1/T_y \\ r_2/T_y \\ r_3/T_y \\ T_x/T_y \\ r_4/T_y \\ r_5/T_y \\ r_6/T_y \end{bmatrix} = x_d \tag{6-7}$$

对每一个物体点,当已知其三维坐标及相对应的图像坐标,就可以列出一个如上的方程。直观地说,选取合适的 7 个点就可解出列向量中的 7 个分量。但是为了简单方便,这里可用同一平面上的空间点来进行标定,这种标定模板较易设计。不失一般性,可选取世界坐标系,并使 $z_w = 0$,这样式(6-7)就可以变为

$$\begin{bmatrix} x_w y_d & y_w y_d & y_d & -x_w x_d & -y_w x_d \end{bmatrix} \times \begin{bmatrix} r_1/T_y \\ r_2/T_y \\ T_x/T_y \\ r_4/T_y \\ r_5/T_y \end{bmatrix} = x_d \tag{6-8}$$

这样,只需要 5 个点就可以解出列向量中的 5 个分量。通常可选取多个控制点,利用最小二乘法求解超定方程,再利用旋转矩阵 R 的正交性,就可以分别求得 $r_1 \sim r_9$ 和 T_x, T_y。

3. 基于交比不变性求一阶径向畸变参数 k

如图 6-2 所示,直线 l_1 上 3 个点 A_1、B_1、C_1,若以 A_1、B_1 为基础点,点 C_1 为

分点(该点 C_1 为内分点或外分点),则由分点与基础点所确定的两有向线段之比称为简单比,记为

$$\mathrm{SR}(A_1,B_1,C_1)=A_1C_1/B_1C_1$$

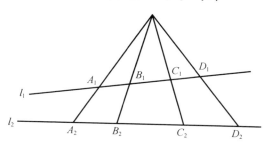

图 6 - 2　交比不变示意图

众所周知,一条直线上 4 个点中 2 个简单比的比值称为交比。如直线 l_1 上 4 个点 A_1、B_1、C_1、D_1 的交比为[8]

$$\mathrm{CR}(A_1,B_1,C_1,D_1)=\frac{\mathrm{SR}(A_1,B_1,C_1)}{\mathrm{SR}(A_1,B_1,D_1)}=\frac{A_1C_1\,B_1D_1}{B_1C_1\,A_1D_1}$$

式中　点 A_1、B_1——基础点对;

　　　点 C_1、D_1——分隔点对,则交比不变性为

$$\mathrm{CR}(A_1,B_1,C_1,D_1)=\mathrm{CR}(A_2,B_2,C_2,D_2) \tag{6-9}$$

利用该交比不变性,就可以求解一阶径向畸变参数 k。任意选取空间中共线的 4 个控制点 $\boldsymbol{P}_1=(x_{w1},y_{w1},z_{w1})$,$\boldsymbol{P}_2=(x_{w2},y_{w2},z_{w2})$,$\boldsymbol{P}_3=(x_{w3},y_{w3},z_{w3})$,$\boldsymbol{P}_4=(x_{w4},y_{w4},z_{w4})$,其交比为

$$\begin{cases}\dfrac{(x_{w1}-x_{w3})(x_{w2}-x_{w4})}{(x_{w2}-x_{w3})(x_{w1}-x_{w4})}=\mathrm{CR}_4\\[3mm]\dfrac{(y_{w1}-y_{w3})(y_{w2}-y_{w4})}{(y_{w2}-y_{w3})(y_{w1}-y_{w4})}=\mathrm{CR}_4\\[3mm]\dfrac{(z_{w1}-z_{w3})(z_{w2}-z_{w4})}{(z_{w2}-z_{w3})(z_{w1}-z_{w4})}=\mathrm{CR}_4\end{cases} \tag{6-10}$$

根据刚体不变性定律、式(6-2)及交比不变性定律可得

$$\begin{cases}\dfrac{(x_{u1}-x_{u3})(x_{u2}-x_{u4})}{(x_{u2}-x_{u3})(x_{u1}-x_{u4})}=\mathrm{CR}_4\\[3mm]\dfrac{(y_{u1}-y_{u3})(y_{u2}-y_{u4})}{(y_{u2}-y_{u3})(y_{u1}-y_{u4})}=\mathrm{CR}_4\end{cases} \tag{6-11}$$

把式(6-3)代入式(6-11),整理移项后可得

$$mk^2 + nk + l = 0 \tag{6-12}$$

其中

$$m = (x_{d1} r_{d1}^2 - x_{d3} r_{d3}^2)(x_{d2} r_{d2}^2 - x_{d4} r_{d4}^2) - \mathrm{CR}_4(x_{d1} r_{d1}^2 - x_{d4} r_{d4}^2)(x_{d2} r_{d2}^2 - x_{d3} r_{d3}^2)$$

$$n = (x_{d1} - x_{d3})(x_{d2} r_{d2}^2 - x_{d4} r_{d4}^2) + (x_{d2} - x_{d4})(x_{d1} r_{d1}^2 - x_{d3} r_{d3}^2)$$
$$+ \mathrm{CR}_4(x_{d1} - x_{d4})(x_{d3} r_{d3}^2 - x_{d2} r_{d2}^2) + \mathrm{CR}_4(x_{d2} - x_{d3})(x_{d4} r_{d4}^2 - x_{d1} r_{d1}^2)$$

$$l = (x_{d1} - x_{d3})(x_{d2} - x_{d4}) - \mathrm{CR}_4(x_{d1} - x_{d4})(x_{d2} - x_{d3})$$

可见,式(6-12)是一个关于一阶径向畸变参数 k 的一元二次方程,因此只要知道空间中一组共线 4 个点的交比值和相应投影点的实际坐标值,就可以解得一阶径向畸变参数。通常,可以通过选取几组这样的 4 个点,采用最小二乘法的方法,即可线性地求得畸变参数 k。

4. 求解平移向量 $\boldsymbol{T}$ 的 T_z 分量和有效焦距 f

把式(6-1)和式(6-3)代入式(6-2),且 $z_w = 0$,可得

$$y_d(1 + kr_d^2) = f \frac{r_4 x_w + r_5 y_w + T_y}{r_7 x_w + r_8 y_w + T_z} \tag{6-13}$$

将式(6-13)移项整理可得

$$\begin{bmatrix} (r_4 x_w + r_5 y_w + T_y) \\ -(y_d(1 + kr_d^2)) \end{bmatrix}^{\mathrm{T}} \begin{bmatrix} f \\ T_z \end{bmatrix} = y_d(1 + kr_d^2)(r_7 x_w + r_8 y_w) \tag{6-14}$$

旋转矩阵 $\boldsymbol{R}$、平移向量 $\boldsymbol{T}$ 的 y 方向分量 T_y 和一阶畸变参数 k 都已经求得,由于式(6-14)是一个线性方程,因此选取多个控制点,采用最小二乘法即可解得有效焦距和平移向量 $\boldsymbol{T}$ 的 z 方向分量 T_z。

至此,摄像机的内外参数全部求得。由于在整个计算过程中全部采用线性最小二乘法,因此避免了以往非线性优化方法可能求解不稳定的问题。

6.2.3 性能分析

为了验证本算法的效果,分别进行了数值仿真实验和真实图像实验。数值仿真实验主要验证算法对标定模板位姿和径向畸变系数变化的鲁棒性,及对角点提取噪声的抗噪性。真实图像实验则采用算法完成一次真实模板标定实验,验证了算法的实际性能。

1. 仿真实验

假设摄像机预标定得到的部分内参数为:图像中心坐标为 $u_0 = 285$ 像素,$v_0 = 248$ 像素;单位距离上的像素数为 2.5 像素/mm。仿真所用标定模板为黑白相间的国际象棋图案,每格边长为 1.5cm,黑格子的公共点为角点,总共 26×18,

共 468 个角点。由这些角点作为控制点,投影在图像上生成相应的投影点坐标,利用控制点坐标和投影点坐标采用提出的算法进行解算,验证算法的性能。仿真实验主要包括两部分:验证算法对标定模板位姿和径向畸变系数变化的鲁棒性以及对角点提取噪声的抗噪性。

1)对标定模板位姿和径向畸变系数变化的鲁棒性

实验中随机生成仿真模板位姿,即模板相对于摄像机的旋转平移矩阵,并反复改变径向畸变系数 k。在不考虑角点提取噪声的条件下,解算得到的摄像机内外参数与设定参数几乎完全一样。如图 6 – 3 所示是在摄像机参数为有效焦距 f 为 10mm;径向畸变系数 k 为 0.0020;摄像机坐标系相对于世界坐标系的旋转角度分别为 – 150°、60°、60°,其旋转矩阵 $\boldsymbol{R} = [0.25, -0.9665, -0.0580; -0.43301, -0.0580, -0.8995; 0.86603, 0.25, -0.4330]$;平移向量 $\boldsymbol{T} = [50, 100, 150]$,则用提出的算法进行解算可得

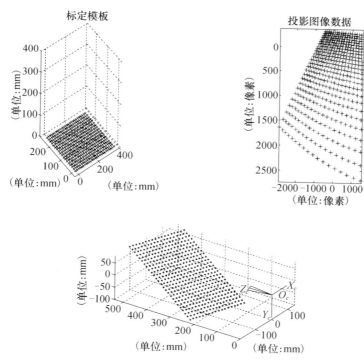

图 6 – 3　标定模板、投影图像、模板与摄像机的位姿关系

$$旋转矩阵:\boldsymbol{R} = \begin{bmatrix} 0.25 & -0.9665 & -0.0580 \\ -0.43301 & -0.0580 & -0.8995 \\ 0.86603 & 0.25 & -0.4330 \end{bmatrix}$$

平移向量：$T = [50 \quad 100 \quad 149.9960]^T$

有效焦距：$f = 10.0000$

一阶径向畸变参数：$k = 0.0020$

可见，只有 z 方向上的平移值与设定值略有不同，相对误差为 $2.6715 \times 10^{-3}\%$，这是由于在构造控制点和投影点对的坐标时，由理想坐标 (x_u, y_u) 推导受畸变影响的实际坐标 (x_d, y_d) 是采用迭代模型来计算的，这步计算存在截断误差的缘故。

2）对角点提取噪声的抗噪性

为了测试本算法的抗噪性，控制点生成的图像投影点坐标加入不同水平的高斯噪声，噪声服从正态分布。实验分别选取噪声水平：0.2、0.4、0.8、1.4、2.0，分别进行多次仿真，得到摄像机内外参数，再由这些参数重建控制点的三维坐标，与设定的控制点坐标之差做度量精度标准，同时也采用 Tsai 算法进行标定，和算法进行比较，结果取平均值如图 6-4 所示。

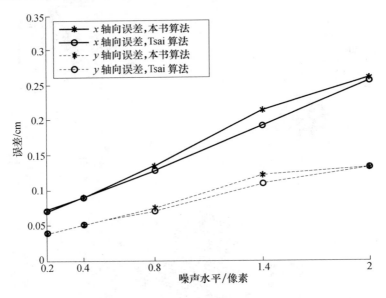

图 6-4 不同噪声水平下，算法和 Tsai 算法的重建精度比较

由图 6-4 可以看出，本算法的精度与 Tsai 算法基本一样，对角点提取噪声不敏感。在图像检测精度仅为 2 像素下，解算得到的摄像机内外参数重建精度在 0.25cm 之内，与 Tsai 算法的精度差在 0.05cm 以内。可以说，提出的算法在精度与 Tsai 算法保持同一水平的情况下，算法复杂度大大降低，避免了非线性优化的不稳定性。

2. 真实实验一

真实图像实验一采用的标定数据是从互联网上获得的,图 6 - 5 是标定模板在空间坐标系下的位置和模板在图像上的投影。分别用 Tsai 的算法和所提出的算法进行标定,其结果如表 6 - 1 所示。图 6 - 6 是由解算结果生成的标定模板相对摄像机位姿关系演示。

由表 6 - 1 可以看出两种算法的结果非常接近,但 Tsai 算法需要进行 77 次迭代,本算法只需要线性求解即可,避免了非线性优化算法可能出现解不稳定的情况。利用标定得到的摄像机参数,重建控制点的三维坐标,并与控制点的实际坐标做差值取平均来度量定标精度,Tsai 算法的 x 轴向和 y 轴向的精度分别是 0.4197 和 0.4066,本算法的精度分别是 0.4237 和 0.4131。可见两种算法的精度基本相同,再次验证了数值仿真实验的结论。

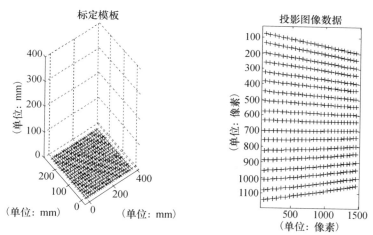

图 6 - 5　标定模板与相应的投影图像

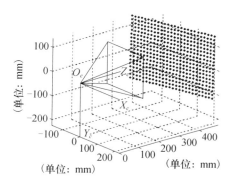

图 6 - 6　解算得到的模板相对摄像机位姿关系

表 6 - 1　两种算法摄像机标定参数比较

参数	Tsai 算法	算法	参数	Tsai 算法	算法
r_1	- 0. 9643	- 0. 9643	r_8	0. 0289	0. 0289
r_2	- 0. 0020	- 0. 0020	r_9	0. 9639	0. 9639
r_3	- 0. 2648	- 0. 2648	T_x	163. 0674	163. 0674
r_4	- 0. 0057	- 0. 0057	T_y	136. 5263	136. 5263
r_5	- 0. 9996	- 0. 9996	T_z	- 395. 1371	- 395. 0080
r_6	0. 0285	0. 0285	k	0. 0010	0. 0011
r_7	- 0. 2648	- 0. 2648	f	7. 4456	7. 4470

3. 真实实验二

真实实验二采用的是实拍图像,所用摄像机为 HOPEWELL HZ - 660P,其分辨率为 736 像素 ×430 像素,标定所用的模板是用激光打印机打印在一张 A4 纸上的西洋棋盘(棋盘大小为 7 ×9,每格的宽度是 30mm ×30mm),贴在一块光洁平坦的木板上,取黑白方格的相交点作为标定控制点。测定每个控制点的坐标,用角点检测算法获取控制点在图像上相应投影点的坐标,实验拍摄到的图像如图 6 - 7 所示。分别采用 Tsai 算法和所提出的算法进行标定,结果对比如表 6 - 2 所示。

图 6 - 7　实验拍摄到的图像

表 6 - 2　两种算法摄像机标定参数比较

参数	Tsai 算法	算法	参数	Tsai 算法	算法
r_1	- 0. 0009	- 0. 0009	r_8	0. 0157	0. 0157
r_2	0. 9998	0. 9998	r_9	- 0. 8383	- 0. 8383
r_3	0. 0193	0. 0193	T_x	- 118. 1248	- 118. 1248
r_4	0. 8385	0. 8385	T_y	4. 9433	4. 9433
r_5	0. 0113	0. 0113	T_z	596. 4353	595. 2854
r_6	- 0. 5448	- 0. 5448	k	0. 0116	0. 0112
r_7	- 0. 5449	- 0. 5449	f	6. 6666	6. 6651

可见两种算法的实验结果非常接近,与数值仿真实验和真实实验一的结论一致。利用得到的摄像机参数,进行标定精度比较,标定精度的标准与真实实验一相同。得到 Tsai 算法的 x 轴向和 y 轴向的精度分别是 0.1385 和 0.1149,本算法的精度分别是 0.1869 和 0.0776。图 6-8 是采用本算法得到的摄像机参数进行图像畸变消除后得到的校正图像。与源图像相比,可以清晰地看出由畸变引起的图像变形已经很好的得到了消除,特别是在图像边缘区域,这是由于边缘区域是畸变最严重的区域,因此校正效果尤为明显。图 6-9 左边为标定模板和相应投影点坐标的数据图像,右侧为利用标定得到的旋转矩阵和平移矩阵生成模板相对摄像机在空间的位姿关系,可以非常直观地重现拍摄图像时模板相对摄像机的空间位置和姿态。

图 6-8　由解得参数校正后得到的图像

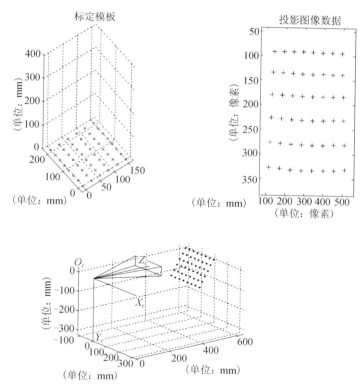

图 6-9　真实实验中标定模板、投影图像、模板与摄像机的位姿关系

6.3　舰船运动要素测定

动态图像序列是目标物体运动过程中在观察者的观测平面上(传感器)成像的结果,而光流场理论(见第5章5.3节内容)则很好地描述了运动图像序列中的图像象素强度数据的时域变化和相关性,能够确定目标物体和观察体的相对运动参数,所以,可以通过光流法测定舰船的运动要素。

光流法测定舰船的运动要素一般需要做好三个关键环节的工作:①光流场的解算,可采用 Horn – Schunck 方法进行估计;②基于光流场的三维运动参数的解算,可采用解析法进行估计;③舰船运动要素的解算,可利用估计得到的目标物体的三维运动参数,通过相对运动原理,解算出舰船的运动参数,从而得以测定舰船运动要素。

6.3.1　速度场投影模型

目标物体(通常是山)相对于舰艇的移动只改变其位置和方向,并不改变其形状和大小,因而目标物体的运动属于三维刚体运动。这里首先建立三维刚体运动模型。假定三维场景中一点 M 从时刻 t_k 的位置 (x_k, y_k, z_k) 经过平移和旋转,运动到时刻 t_{k+1} 的位置 $(x_{k+1}, y_{k+1}, z_{k+1})$,则得到三维刚体运动模型

$$\begin{pmatrix} x_{k+1} \\ y_{k+1} \\ z_{k+1} \end{pmatrix} = \begin{bmatrix} r_{xx} & r_{xy} & r_{xz} \\ r_{yx} & r_{yy} & r_{yz} \\ r_{zx} & r_{zy} & r_{zz} \end{bmatrix} \begin{pmatrix} x_k \\ y_k \\ z_k \end{pmatrix} + \begin{pmatrix} t_x \\ t_y \\ t_z \end{pmatrix} \tag{6-15}$$

设旋转矩阵和平移矢量分别是 $\boldsymbol{R}_k$ 和 $\boldsymbol{T}_k$,则上式可以写为

$$\begin{pmatrix} x_{k+1} \\ y_{k+1} \\ z_{k+1} \end{pmatrix} = \boldsymbol{R}_k \begin{pmatrix} x_k \\ y_k \\ z_k \end{pmatrix} + \boldsymbol{T}_k \tag{6-16}$$

在旋转角较小的情况下,旋转矩阵 $\boldsymbol{R}$ 可以用欧拉角的形式来表示,即

$$\boldsymbol{R} = \begin{bmatrix} 1 & -\theta & \psi \\ \theta & 1 & -\phi \\ -\psi & \phi & 1 \end{bmatrix} \tag{6-17}$$

式中　θ、ϕ、ψ——分别表示绕 x、y、z 轴逆时针旋转小角位移。

下面的讨论都是在这种情况下进行。

式(6-17)代入式(6-15)并进行初等变换,可以得到

$$\begin{pmatrix} x_{k+1} - x_k \\ y_{k+1} - y_k \\ z_{k+1} - z_k \end{pmatrix} = \begin{bmatrix} 0 & -\theta & \psi \\ \theta & 0 & -\phi \\ -\psi & \phi & 0 \end{bmatrix} \begin{pmatrix} x_k \\ y_k \\ z_k \end{pmatrix} + \begin{pmatrix} t_x \\ t_y \\ t_z \end{pmatrix} \quad (6-18)$$

上式两端同除以 $\Delta t = t_{k+1} - t_k$，得到速度变换公式：

$$\begin{pmatrix} \dot{x}_k \\ \dot{y}_k \\ \dot{z}_k \end{pmatrix} = \begin{bmatrix} 0 & -\dot{\theta} & \dot{\psi} \\ \dot{\theta} & 0 & -\dot{\phi} \\ -\dot{\psi} & \dot{\phi} & 0 \end{bmatrix} \begin{pmatrix} x_k \\ y_k \\ z_k \end{pmatrix} + \begin{pmatrix} \dot{t}_x \\ \dot{t}_y \\ \dot{t}_z \end{pmatrix} \quad (6-19)$$

在成像模型为透视投影的条件下，设空间点 (x,y,z) 在图像平面上的投影为 (x',y')，其关系可表示为

$$x' = F\frac{x}{z} \quad y' = F\frac{y}{z} \quad (6-20)$$

式中　F——透视投影的焦距。

对式 $(6-20)$ 微分，可得

$$u = \dot{x}' = F\frac{z\dot{x} - x\dot{z}}{z^2} = F\frac{\dot{x}}{z} - x'\frac{\dot{z}}{z} \quad (6-21)$$

$$v = \dot{y}' = F\frac{z\dot{y} - y\dot{z}}{z^2} = F\frac{\dot{y}}{z} - y'\frac{\dot{z}}{z} \quad (6-22)$$

再将式 $(6-19)$ 代入式 $(6-21)$、式 $(6-22)$，即可得到速度场透视投影模型：

$$u = F\left(\frac{\dot{t}_x}{z} + \dot{\psi}\right) - \frac{\dot{t}_z}{z}x' - \dot{\theta}y' - \frac{\dot{\phi}}{F}x'y' + \frac{\dot{\psi}}{F}x'^2 \quad (6-23)$$

$$v = F\left(\frac{\dot{t}_y}{z} - \dot{\phi}\right) - \frac{\dot{t}_z}{z}y' + \dot{\theta}x' + \frac{\dot{\psi}}{F}x'y' - \frac{\dot{\phi}}{F}y'^2 \quad (6-24)$$

6.3.2　像内运动参数解算

当测定舰艇的惯性和推进性的时候，舰艇是相对于目标体向固定的方向做平移运动。因此，舰艇的运动满足平移不变性，即目标体的光流矢量在图像平面上的投影表现为从一点延伸出去，或是从远处汇聚到某点，该点称为灭点[9]。

物体仅作纯平移运动时，物体上一点在时刻 t_k 处的三维坐标是

$$\begin{pmatrix} x_k \\ y_k \\ z_k \end{pmatrix} = \begin{pmatrix} x_0 + \dot{t}_x\Delta t \\ y_0 + \dot{t}_y\Delta t \\ z_0 + \dot{t}_z\Delta t \end{pmatrix} \quad (6-25)$$

式中　　(x_0, y_0, z_0)——时刻 t_0 的三维坐标;

$\quad\quad \Delta t = t_k - t_0$;

$\quad\quad \dot{i}_x, \dot{i}_y$;

$\quad\quad \dot{i}_z$——沿 x、y、z 轴方向的运动速度。

在规范化透视投影下,这个点在图像平面上的坐标为

$$\begin{pmatrix} x'_k \\ y'_k \end{pmatrix} = \begin{pmatrix} \dfrac{x_0 + \dot{i}_x \Delta t}{z_0 + \dot{i}_z \Delta t} \\ \dfrac{y_0 + \dot{i}_y \Delta t}{z_0 + \dot{i}_z \Delta t} \end{pmatrix} \tag{6-26}$$

当 $\Delta t \to \infty$ 时,上式变为

$$e = \lim_{\Delta t \to \infty} \begin{pmatrix} x'_k \\ y'_k \end{pmatrix} = \begin{pmatrix} \dfrac{\dot{i}_x}{\dot{i}_z} \\ \dfrac{\dot{i}_y}{\dot{i}_z} \end{pmatrix} = \begin{pmatrix} e_1 \\ e_2 \end{pmatrix} \tag{6-27}$$

(e_1, e_2) 即是灭点在图像上的投影坐标,当舰艇的运动方向改变时,灭点的坐标也会随之改变。

合并式(6 – 23)和式(6 – 24),并消除参数 z 得到:

$$ve_1 - ue_2 - x'(\dot{\phi} + \dot{\theta}e_1) - y'(\dot{\psi} + \dot{\theta}e_2) - x'y'(\dot{\psi}e_1 + \dot{\phi}e_2) +$$
$$(x'^2 + y'^2)\dot{\theta} + (1 + y'^2)\dot{\phi}e_1 + (1 + x'^2)\dot{\psi}e_2 = -uy' + vx' \tag{6-28}$$

把上式表示成矩阵的形式

$$\begin{bmatrix} v & -u & -x' & -y' & -x'y' & x'^2 + y'^2 & 1 + y'^2 & 1 + x'^2 \end{bmatrix} \boldsymbol{H} = -uy' + vx' \tag{6-29}$$

其中

$$\boldsymbol{H} = \begin{bmatrix} e_1 & e_2 & \dot{\phi} + \dot{\theta}e_1 & \dot{\psi} + \dot{\theta}e_2 & \dot{\psi}e_1 + \dot{\phi}e_2 & \dot{\theta} & \dot{\phi}e_1 & \dot{\psi}e_2 \end{bmatrix}$$

给出 8 个图像点处的光流矢量,建立 8 个线性方程就可以求解 $\boldsymbol{H}$。通常采用多于 8 个的图像点,用最小二乘法来估计 $\boldsymbol{H}$ 中的 8 个参数,这样可以减小光流误差的影响。再利用求解出的 $\boldsymbol{H}$ 中的 8 个参数,恢复 5 个运动参数 $\dot{\phi}, \dot{\theta}, \dot{\psi}$,$e_1, e_2$。由式(6 – 27)可以看出

$$\dot{i}_x = e_1 \dot{i}_z \dot{i}_y = e_2 \dot{i}_z \tag{6-30}$$

这时求得的速度是关于比例系数 $\dot{i}_z$ 的值,$\dot{i}_z$ 是目标物体沿 z 轴的运动速度。

通常用来观察目标物体运动的摄像机都是采用透视投影,因此可用针孔

(pinhole)成像模型来描述。图 6－10 为透视投影成像几何示意图。

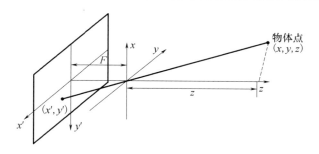

图 6－10　透视投影成像几何示意图

在海上,山或岛作为所观察的目标物体。设:

F 为摄像机的有效焦距;

(x_h', y_h') 为山顶点 (x_h, y_h) 的像平面坐标;

(x_l', y_l') 为水平线上某点 (x_l, y_l) 的像平面坐标。

则由式(6－20)可以得到

$$y_h' = F\frac{y_h}{z}, \quad y_l' = F\frac{y_l}{z}$$

两式相减并做变换得到

$$z = Fh\frac{1}{y_h' - y_l'} \tag{6－31}$$

其中,$h = (y_h - y_l)$,该值可以从海图上查得。

对式(6－31)求导可得

$$\dot{z} = z' = Fh\frac{-(\dot{y}_h' - \dot{y}_l')}{(y_h' - y_l')^2} \tag{6－32}$$

需要指出的是,数字图像在计算机存储器内的存放坐标系是以像素(pixels)为单位的,称之为帧存坐标系。而这里的 y_h'、y_l'是指位于像平面坐标系内的坐标,其单位是 mm。因此要将计算机内存中的帧存坐标转换到像平面坐标系统中。这是属于摄像机参数标定问题,除此之外,还有包括主点(图像中心)、有效焦距、径向镜头畸变、偏轴镜头畸变等其他参数都需要在使用前进行标定[10]。

6.3.3　舰船运动要素解算

前面讨论的利用动态图像序列求解所得的目标三维运动参数是基于摄像机坐标系的,舰艇运动要素的解算还不能够直接使用,必须进行相应的坐标变换。

首先建立两个坐标系(图6–11):

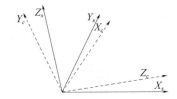

图 6–11　摄像机坐标系和船体坐标系

摄像机坐标系——摄像机光轴为 Z_c 轴,沿光轴向外为正,图像的投影平面为 X_c–Y_c 平面,Y_c 轴垂直于 Z_c 轴向上为正,X_c–Y_c–Z_c 满足右手定则。

船体坐标系——船首尾方向为 Y_s 轴,船首方向为正,船左右弦方向为 X_s 轴,右弦为正,垂直于 X_s–Y_s 平面向上为 Z_s 轴正方向。

设光轴与舰艇首尾向夹角为 θ,与船体坐标系的 X_s–Y_s 平面夹角(即俯仰角)为 ϕ,则目标物体的三维运动参数在两个坐标系内的变换可以表示为

$$\begin{pmatrix} i_{xs} \\ i_{ys} \\ i_{zs} \end{pmatrix} = \begin{pmatrix} \cos(90°-\theta) & \sin\phi\sin(90°-\theta) & \cos\phi\sin(90°-\theta) \\ 0 & \cos\phi & -\sin\phi \\ \sin(90°-\theta) & \sin\phi\cos(90°-\theta) & \cos\phi\cos(90°-\theta) \end{pmatrix} \begin{pmatrix} i_z \\ i_x \\ i_y \end{pmatrix}$$

$$(6–33)$$

式中:i_{xs},i_{ys},i_{zs} 分别为目标物体运动速度在船体坐标系内的投影分量。

至此,利用所求得的速度在三个坐标轴的分量和相对运动原理就能够解得舰艇的运动要素。

6.4　舰船位置要素测定

陆标定位是一种基本的舰船航海定位方法,它主要利用观察目力能见范围内的陆岸或岛上固定物标来确定舰船方位,然后依据"三标两角"方式测定舰位[1]。但传统的陆标定位方法依靠人工操作,存在计算复杂、容易产生误差以及实时性较差等缺陷,同时,随着全封闭舰船的普及,人工观测目标方位已经变得难以实现,所以,必须借助机器视觉等现代智能方式改进传统技术手段。本节将引进摄像机,通过光电探测方式,自动测量舰船位置和距离信息。

6.4.1　视觉测距原理

假设在船舶的两弦各加载一套 CCD 摄像机,如图 6–12 所示。通过对摄像

机标定,得到 CCD 几何和光学特性参数,摄像机对物标进行快速探测、拍摄,得到 2 幅物标图像,然后,利用透视投影几何关系,得到物标最高点与船舶(光心)的距离,从而实现基于陆标的距离定位。

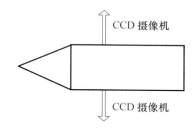

图 6 – 12　装载 CCD 摄像机舰船模型

1. 物标标识点检测

物标检测是基于灰度梯度的原则:一般地,可认为在船舶和物标之间的区域内(大部分是海面)的灰度变化是比较平缓的,但在海面和物标的相交处,会形成灰度由亮到暗的水平边缘,检测到此边缘就可认为检测到了物标。

由下而上,按水平线逐行扫描,计算每行灰度的平均值,假设 $\overline{G}(r)$ 为 AOI 中第 r 行的灰度平均值。当探测到物标时,$\overline{G}(r)$ 会急剧变化,说明已经检测到了物标。经过图像处理,可以从物标轮廓中提取出物标最高点,以此为基础,来讨论如何尽可能早地计算出船舶与物标之间的距离。

2. 距离测量

图像采集是将客观世界的三维场景投影到 CCD 摄像机的二维像平面(CCD 光敏矩阵表面)上,这个投影一般采用几何透视变换来描述。在中采用小孔成像模型来描述此透视变换(见 7.2.1 节),如图 6 – 13 所示;f,a,h 分别为 CCD 摄像机的有效焦距、俯仰角度和安装高度(镜头中心到海面的高度),h_0 为物标高度,(x_0,y_0) 为光轴与像平面的交点,作为像平面坐标系的原点,一般取为(0,0);(x,y) 为物标最高点 P 在像平面上的投影坐标。

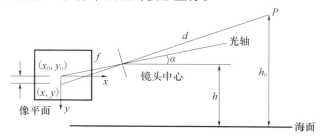

图 6 – 13　单目机器视觉测距几何模型

根据几何关系可以得到点 P 与镜头中心的距离 d。计算公式为

$$d = \frac{(h_0 - h)}{\sin\left(a + \arctan\left[\frac{(y - y_0)}{f}\right]\right)} \qquad (6-34)$$

3. 内部参数解算

在式(6-34)的参数中，h_0 已知，h 和 a 可直接测量得到，y_0 一般取作 0，f、y 是未知的。f 是 CCD 摄像机的有效焦距，属于内部参数，y 是目标点 P 在 CCD 像平面上的投影坐标在 y 轴方向上的分量，称为像平面坐标，单位是 mm。由于数字图像存放于计算机的存储器中，而我们通过图像处理只能获得目标点在计算机内存中的坐标，称之为帧存坐标 (u, v)[9]，单位是像素。如图 6-14 所示。因此，确定像平面坐标需要将计算机内存中的帧存坐标转换到像平面坐标系统中。

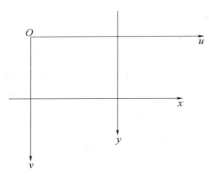

图 6-14 帧存坐标和投影坐标变换示意图

$O_1(u_0, v_0)$ 是 CCD 摄像机光轴与像平面交点 (x_0, y_0) 的帧存坐标，该点一般位于帧存图像的中心处，但由于摄像机制作的原因，也会有些偏离，因此需要对其进行标定。设帧存中的一个像素对应于像平面上 X 轴与 Y 轴方向上的物理尺寸分别为 $\mathrm{d}x, \mathrm{d}y$，则有变换关系

$$u = \frac{x}{\mathrm{d}x} + u_0, \quad v = \frac{y}{\mathrm{d}y} + v_0 \qquad (6-35)$$

式(6-35)中，v 可由图像处理获得，计算 Y 需要预先确定 $\mathrm{d}y, v_0$ 的值。因此为计算式(6-34)，摄像机参数 $f, \mathrm{d}y, v_0$ 必不可少，这就需要进行摄像机参数标定。在机器视觉中，摄像机校正参数分为内部参数和外部参数，内部参数确定了摄像机内部的几何和光学特征，不随摄像机的移动而改变；外部参数是确定摄像机像平面相对于客观世界坐标系统的三维位置和朝向，摄像机移动后，需重新校正[10]。虽然摄像机随船舶运动，但我们所需要的参数都是内部参数，不需要在船

舶航行中重新标定。因此,只需预先标定摄像机的内部参数,就可以在船舶航行中用来计算船舶与陆标之间的距离。具体摄像机内部参数标定过程参见 7.2 节。

6.4.2　位置要素解算

在海图上以各物标为圆心,以所测定的距离 d 为半径作圆,则圆上任一点到物标的距离均等于所测的距离 d,该圆就是距离为 d 的舰位线。两距离舰位线(圆)相交于两点,其中靠近推算舰位的一个交点即观测时刻的舰位,如图 6 - 15所示。

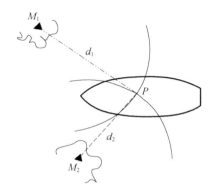

图 6 - 15　陆标距离定位示意图

6.4.3　性能分析

文献[3]对此方法进行了可行性验证。

用激光测距仪与单目机器视觉测距方法进行比较,以检验其有效性。考虑到激光测距仪的数据刷新率,实验中每隔 200m,测距 1 次。表 6 - 3 为相应的测量结果。

表 6 - 3　机器视觉与激光测距精度对比(单位:m)

视觉测距	激光测距	两者误差
23.66	22.45	1.21
27.5	26.53	0.97
29.33	30.75	- 1.42
36.19	34.68	1.51
37.2	38.7	- 1.50
44	42.82	1.18

（续）

视觉测距	激光测距	两者误差
48.21	46.78	1.43
49.66	50.9	−1.24
56.33	55.01	1.32
57.64	58.91	−1.27

通过假设检验，可知上述误差值在显著性水平 0.01 下服从均值为 0 的正态分布，由数理统计理论可知，单目机器视觉测距方法与激光测距方法所获实验数据之间的差异仅是由随机误差引起的，即这两种方法在测距精度上并没有显著差别。

6.5　本　章　小　结

本章在摄像机标定技术的基础上，阐述了采用计算机视觉技术和光流技术测定舰船（运动、位置）要素的可行性和测定方法，通过分析可以得出，相对于传统测定方式和 DGPS 测定法，利用计算机视觉技术和光流技术测定舰船（运动、位置）要素优势明显，如自主性强、对测速场要求不那么苛刻等。该方法既适用于原有的老型舰船，同时也使得新型全封闭舰船也有了适用的舰船要素测定方法，具有重要的军事价值和意义。

当然，书中主要是侧重于测量原理的分析与论证，有关如何进一步解决光流解算的抗噪声性和算法的实时性，以及摄像机镜头的几何畸变和船舶摇摆对测距精度的影响等问题，尚有待于实船验证与分析。

参 考 文 献

[1] 杜新海. 航海学[M]. 北京:海潮出版社,1996.

[2] 瞿学林,钟云海,郑海,等. 舰船运动要素测量的误差分析[J]. 航海技术,2002(2):19 − 20.

[3] Abdel − Aziz Y I,Karara H M. Direct linear transformation from comparator coordinates intoobject space coordinates in close − range photogrammetry [C]. In U. of Illinois Symposium on Close − Range Photogrammetry. Urbana;Unix of Illinois at Urbana − Champaign,1971;1 − 18.

[4] Brown D C. Decentering Distortion of Lense[J]. Photogrammetric Engineering and Remote Sensing,1966, 444 − 462.

[5] Wong K W. Mathematical foundation and digital analysis in close − range photogrammetry[J]. Photogrammet-

ric Engineering and Remote Sensing, 1975, 41(11):1355 – 1373.

[6] Zhang Z. A Flexible New Technique for Camera Calibration [R]. Technical Report MSR2TR298271, Microsoft Research, Dec1998. Available Together with the Software [EB/O]. http://research. microsoft. com/ ~ zhang/Calib/.

[7] TsaiRY. An efficient and accurate camera calibration technique for 3D machine vision [C]. In: Proc. CVPR, 1986:364 – 374.

[8] 贺俊吉,张广军,杨宪铭. 基于交比不变性的镜头畸变参数标定方法[J]. 仪器仪表学报,2004,25(5):596 – 59.

[9] 李智勇. 动态图像分析[M]. 北京:国防工业出版社,1999. 119 – 121.

[10] 邱茂林,马颂德,李毅. 计算机视觉中摄像机定标综述[J]. 自动化学报,2000 26(1):43 – 55.

第 7 章　舰基图像电子稳像技术

第7章 舰基图像电子稳像技术

7.1 引 言

由于使用环境特殊性,舰基成像系统载体姿态经常发生意外扰动,导致监视器图像质量下降。为了解决这个问题,本章专门研究并设计了一种新的舰基稳像方法——电子稳像技术。

舰基电子稳像基于现代图像处理技术,以计算机算法代替硬平台,通过解算图像抖动偏移量并对其进行优化补偿,达到稳定视频序列目的,是一种软件实现技术。系统具有体积小、价格低、精度高等传统稳像方法无法替代的优越性。

7.1.1 抖动视频图像模糊的原因

图7-1所示是摄像机成像靶面示意图,每一格代表一个像素。图7-1(a)表示摄像机成像时,物体所成的第一帧图像。图7-1(b)表示当成像载体震动时的第二帧图像,由于图像抖动的影响,同一物体在像面上的不同区域成像,监视器上的图像就会变得模糊,如图7-1(c)所示。

 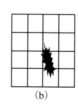 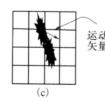

运动矢量

(a) (b) (c) (d)

图7-1 图像模糊与补偿示意图

(a) 第 k 帧;(b) 第 $k+1$ 帧;(c) 补偿前监视器图像;(d) 补偿后监视器图像。

通过检测参考帧图像和比较帧图像的全局运动矢量,并对比较帧图像进行补偿,使两帧图像之间只保留有正常的扫描运动,即可消除或减轻帧间的不稳定,从而获取清晰、稳定的视频图像序列,如图7-1(d)所示。

7.1.2 电子稳像的基本方法

电子稳像的前提条件是获得图像的全局运动矢量,根据获取运动矢量方法的不同,电子稳像可以分为以下两种基本方法:硬件实现方法和软件实现方法。

1. 硬件实现方法

硬件实现方法是利用传感器检测摄像机的运动。当对远距离目标进行拍摄时,图像的运动主要是由摄像机的角速率变化导致的,因此检测摄像机的运动就是利用角速度传感器获得摄像机的旋转角速率。角速率传感器有很多种,例如激光陀螺、光纤陀螺、电子陀螺、半球谐振陀螺和压电陀螺等。由于压电振动陀螺体积小、重量轻、功耗低、耐振、耐冲击、角速率分辨率高,因此广泛地应用在摄像系统的电子稳像中。摄像机的晃动量获取后,再根据计算转换成图像的运动量。例如 Holder 等曾经为目标跟踪系统的导弹制导提出一种电子图像稳定方法[1];Qshima 等也为家用摄录机提出一种电子图像稳定系统[2];俄罗斯采用技术尖端的电子陀螺,研制成功一种称为稳像仪的电子稳像装置。以上方法的共同点都是利用高精度陀螺做传感器,检测出图像的位移矢量,然后利用数字图像处理的方法对像素进行重组,实现图像的稳定。

2. 软件实现方法

软件方法是直接利用各种算法对图像序列进行处理,获得由摄像机运动而产生的图像帧间运动量。采用稳像算法直接对所获数字图像序列进行处理,确定图像序列帧间运动位移并实施补偿的方法,具有不依赖硬件设备、检测精度高等特点,是当前电子稳像技术研究和发展的趋势。目前用软件方法检测图像序列帧间运动量的方法也有多种,主要可分为基于块的运动估计方法、基于图像特征的运动估计法、基于像素灰度值的运动估计方法和相关法等。

3. 硬件方法和软件方法的比较

1)成本的比较

由于硬件实现方法是用传感器来检测运动位移,如角速率陀螺,它可以直接、快速地检测到摄像机的运动量,完全可不受图像信息质量好坏的影响,因此具有检测速度快、适用范围广等优点。但由于检测到的摄像机的运动量必须及时地转换成图像的帧间运动位移矢量,需要已知许多系统的参数,如摄像机镜头焦距值等,还要增加许多其他辅助设备,势必增加系统的成本。而用稳像算法直接处理图像,不需要任何辅助设备,因此倍受各国研究人员的重视。

2）检测正确率的比较

由于成像环境的复杂性,图像序列中的帧间运动不仅包含需稳像系统补偿的平移运动,常常还包括摄像系统本身的正常扫描运动,有时图像序列中还存在小运动物体,利用硬件直接检测图像晃动的摄像机角速率,比较容易区分摄像机的人为扫描运动,且不受图像背景中景物运动对检测到的运动矢量的影响。利用稳像算法检测图像位移量,则需要区分这些运动,因此将增加算法的难度和复杂度。

3）稳像精度的比较

利用硬件方法稳像的精度主要取决于传感器的精度,因此对传感器的精度有相当高的要求。尤其是对于长焦距镜头的摄像系统,摄像机角速率的微小变化将严重地影响图像的稳定性,对传感器的精度有更高的要求。由于稳像算法检测图像的位移量,是直接对图像信息进行处理,稳像的精度一般只与图像的质量和算法的精度有关,而与摄像系统的焦距等关系不大,只要设计或选择性能高的稳像算法就能较精确地检测出长焦距图像序列帧间的运动位移,提高稳像系统的稳像精度。

本章将对基于软件实现的电子稳像方法进行深入研究。

4. 电子稳像系统原理框图

电子稳像算法主要包括四个基本环节:视频图像的预处理、运动估计、运动滤波和图像补偿,其系统的原理框图如图 7 - 2 所示。其中,运动估计和运动滤波是电子稳像中最为关键的环节,稳像效果的好坏主要取决于以下两个步骤:运动估计的准确性、精度及时间将直接影响电子稳像算法的精度与实时性;运动滤波的好坏将直接影响视觉效果的稳定性。

图 7 - 2　电子稳定像系统原理框图

7.2　电子稳像运动估计算法研究

电子稳像运动估计是指图像序列帧间的全局运动估计,其目的是求解图像帧间的整体变换参数,它与视频编码、压缩中的局部运动估计算法不同。运动估计算法是电子稳像领域研究的热点,也是难点。目前,电子稳像的运动估计算法主要可分为基于块的运动估计方法[10-11]、基于图像特征的运动估计法[5]、基于像素灰度值的运动估计方法和相关法等。基于块的方法是一种常用的运动矢量检测算法,在全局运动估计中,块的数目和布局决定了结果的精确性,而块的尺寸、搜索范围的大小及搜索的方法影响着计算的复杂性;特征法是选取图像中的典型特征作为运动估计的基本单元,这种方法比较接近于人的视觉特性,该方法的关键技术是特征提取的稳定性和特征定位的精确性;像素法是利用像素灰度值间关系的一类方法,如灰度投影法、光流场法、像素递归法等。这类方法一般要求图像信息较丰富,且对噪声敏感。相位相关法是一种基于频域相关运算的方法,对噪声比较敏感,计算精度不高,使用较少。

7.2.1 图像帧间变换模型

图像帧间变换模型是指两帧图像之间的整体变换关系,通常可分为平移运动、仿射运动、透视变换和二元线性变换等变换形式[13-15]。

1. 平移运动

假设图像中的每一个像素都作平移运动。在第 k 帧图像中选取一个块,其中心位于 (x,y),将第 k 帧到第 $k+1$ 帧的平移公式表示为

$$\begin{cases} x' = x + \Delta x \\ y' = y + \Delta y \end{cases} \tag{7-1}$$

则对图像块中的像素点,有

$$f(x,y,t_k) = f(x + \Delta x, y + \Delta y, t_{k+1}), (x,y) \in B \tag{7-2}$$

2. 仿射运动

将上面的平移变换推广到包含仿射坐标的变换:

$$\begin{cases} x' = a_1 x + a_2 y + a_3 \\ y' = a_4 x + a_5 y + a_6 \end{cases} \tag{7-3}$$

3. 透视变换

透视变换是另一种常用的空间变换,对应于一个平面的三维运动透视投影。透视变换方程为

$$\begin{cases} x' = (a_1 x + a_2 y + a_3)/(a_7 x + a_8 y + 1) \\ y' = (a_4 x + a_5 y + a_6)/(a_7 x + a_8 y + 1) \end{cases} \tag{7-4}$$

4. 二元线性变换

二元线性变换不对应任何实际物体的三维运动,但具有一定的理论研究价值,并应用于图形学领域。二元线性变换表示为

$$\begin{cases} x' = a_1 x + a_2 y + a_3 xy + a_7 \\ y' = a_4 x + a_5 y + a_6 xy + a_8 \end{cases} \tag{7-5}$$

如图 7 - 3 所示为几种块的空间变换示意图。

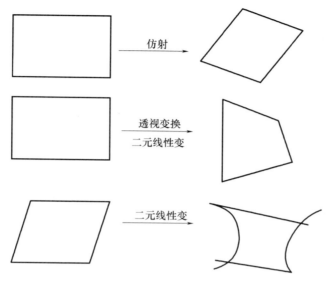

图 7 - 3　几种空间变换示意图

7.2.2　基于块的运动估计方法

1. 块匹配搜索

块匹配法(Block - Matching Algorithm, BMA)是目前一些国际标准组织推荐的运动估计方案,其基本思想如图 7 - 4 所示。在第 k 帧中选择以 (x, y) 为中心、大小为 $m \times n$ 的块 W,然后在第 $k+1$ 帧中的一个较大的搜索窗口内寻找与块 W 尺寸相同的最佳匹配块的中心的矢量位移 $r = (\Delta x, \Delta y)$。搜索窗口一般是以第 k 帧中块 W 为中心的一个对称窗口,其大小通常根据先验知识或经验来确定。

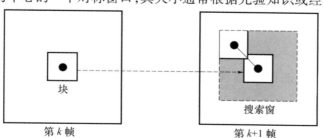

图 7 - 4　块运动矢量估计

2. 块匹配准则

典型的块匹配准则有最小均方差法、最小平均绝对差法、最大匹配像素数量法、最大互相关法等。最小均方误差准则（Mean Square Error，MSE）定义为

$$\text{MSE}(\Delta x, \Delta y) = \frac{1}{mn} \sum_{(x,y) \in W} \left[I(x,y,k) - I(x + \Delta x, y + \Delta y, k + l) \right]^2$$

$$(7-6)$$

通过对上式求极小化可以估计出位移矢量 $\boldsymbol{r} = (\Delta x, \Delta y)$，即

$$\left[\Delta x, \Delta y \right]^T = \arg \min_{(\Delta x, \Delta y)} \text{MSE}(\Delta x, \Delta y) \qquad (7-7)$$

最小均方差准则很少通过超大规模集成电路（VLSI）来实现，主要原因是用硬件实现平方运算有相当的困难。通过 VLSI 实现的准则是最小平均绝对差（Mean Absolute Difference，MAD），其定义为

$$\text{MAD}(\Delta x, \Delta y) = \frac{1}{mn} \sum_{(x,y) \in W} \left| I(x,y,k) - I(x + \Delta x, y + \Delta y, k + l) \right|$$

$$(7-8)$$

矢量 $\boldsymbol{r} = (\Delta x, \Delta y)$ 的估计值为

$$\left[\Delta x, \Delta y \right]^T = \arg \min_{(\Delta x, \Delta y)} \text{MAD}(\Delta x, \Delta y) \qquad (7-9)$$

当搜索范围扩大时，出现多个局部最小值的可能性也增大，MAD 准则的性能将降低。

最大匹配像素数量准则（Matching Pixel Count，MPC），这种方法是将窗口内的匹配像素和非匹配像素根据下式分类：

$$T(x,y,\Delta x, \Delta y) = \begin{cases} 1, & \left| I(x,y,k) - I(x + \Delta x, y + \Delta y, k + l) \right| \leqslant T \\ 0, & \text{其他} \end{cases}$$

T 是预先确定的阈值。这样，最大匹配像素数量准则为

$$\text{MPC}(\Delta x, \Delta y) = \sum_{(x,y) \in W}^{T} (x + \Delta x, y + \Delta y)$$

$$\left[\Delta x, \Delta y \right]^T = \arg \min_{(\Delta x, \Delta y)} \text{MPC}(\Delta x, \Delta y)$$

位移矢量 $\boldsymbol{r} = (\Delta x, \Delta y)$ 对应匹配像素的最大数量 MPC 准则需要一个个阈值比较器和一个 $\lg(m \times n)$ 的计数器。

7.2.3　参考帧的选择策略

运动估计参考帧的选择一般可以分为以下两种方法：一种是固定帧匹配，即在系统运行初期的一帧图像就被采集下来作为以后图像的参考帧，后续图像都作为匹配帧与它进行比较来计算相对运动矢量；另一种则是相邻帧匹配，即对相

邻的两帧图像进行比较,来计算运动矢量。

1. 固定帧匹配方法的特点

固定帧匹配方法由于不存在累计误差,所以矢量判断较为准确,定点拍摄时图像稳定效果好,且相对简单易行,也是在运动估计算法的研究中较为常用的。这种方法的主要问题是一旦出现失稳状况,即图像的运动超出了运动矢量计算的临界值,或者是图像匹配程度偏低,运动矢量变得不可靠以后,后续的处理非常困难;该方法也难以实现在扫描拍摄时的稳像。

2. 相邻帧匹配方法

相邻帧匹配相比于固定帧匹配,缺点是运算矢量存在累计误差,对匹配精度有不利影响,但是由于始终是相邻的两帧进行匹配,所以在固定帧匹配当中不同参考帧带来的跳变误差实际上分散到了每一对相邻帧的运动估计过程中,因此不会因为参考帧相差较大而出现明显的图像跳变。一般情况下,只要运动估计准确,应用该方法就不会出现误差累计问题。

7.3　电子稳像卡尔曼滤波方法

电子稳像的最终目的是去除抖动图像序列的扰动。运动滤波就是实现对抖动视频序列运动轨迹的平滑处理,消除视频序列运动轨迹中的抖动分量,而只保留正常的扫描运动分量。目前卡尔曼滤波[44-46]是电子稳像的主要运动滤波算法。

7.3.1　卡尔曼滤波基本理论

卡尔曼滤波理论是由 R.E. 卡尔曼于 1960 年首先提出的,它是一种线性最小方差估计,算法具有递推性,使用状态空间方法在时域内设计滤波器,适于多维随机过程(平稳、非平稳)进行估计,便于在计算机上实现。卡尔曼滤波在目标跟踪、图像恢复、组合导航等领域有着广泛的应用。下面,首先对随机线性离散系统卡尔曼滤波的基本原理进行介绍。

设随机线性离散系统的方程(不考虑控制作用)为

$$X(k) = \boldsymbol{\Phi}X(k-1) + W(k-1) \tag{7-10}$$

$$Z(k) = \boldsymbol{H}X(k) + V(k) \tag{7-11}$$

式(7-10)和式(7-11)分别为线性离散系统的状态方程和观测方程。式中,$X(k)$ 为系统的 n 维状态矢量;$Z(k)$ 为系统的 m 维观测噪声序列;$\boldsymbol{\Phi}$ 为系

的 $n \times n$ 维状态转移矩阵; $W(k-1)$ 为 n 维系统过程噪声序列; $V(k)$ 为 m 维观测噪声序列; H 为 $m \times n$ 维观测矩阵。对于系统过程噪声和观测噪声的统计特性,做出如下假定:

$$\begin{cases} E[W_k] = 0, E[W_k W_j^T] = Q_k \delta_{kj} \\ E[V_k] = 0, E[V_k V_j^T] = R_k \delta_{kj} \\ E[W_k V_j^T] = 0 \end{cases} \qquad (7-12)$$

式中　Q_k——系统过程噪声 W_k 的 $p \times p$ 维对称非负定方差矩阵;

　　　R_k——系统观测噪声 V_k 的 $m \times m$ 维对称正定方差阵;

　　　δ_{kj}——Kronecker $-\delta$ 函数。

下面直接给出随机线性离散系统基本卡尔曼滤波方程。如果被估计状态 $X(k)$ 和对 $X(k)$ 的观测量 $Z(k)$ 满足式(7-10)和式(7-11)的约束,系统过程噪声 $W(k)$ 和观测噪声 $V(k)$ 满足式(7-12)的假设,系统过程噪声方差阵 $Q(k)$ 非负定,系统观测方差阵 $R(k)$ 正定,k 时刻的观测为 $Z(k)$,则 $X(k)$ 的估计 $\hat{X}(k)$ 可按下述方程求解:

状态一步预测: $\qquad \hat{X}(k/k-1) = \boldsymbol{\Phi} \hat{X}(k-1)$ $\qquad (7-13)$

新息: $\qquad \boldsymbol{\varepsilon}(k) = Z(k) - H \hat{X}(k-1)$ $\qquad (7-14)$

状态估计: $\qquad \hat{X}(k) = \hat{X}(k/k-1) + K(k)\boldsymbol{\varepsilon}(k)$ $\qquad (7-15)$

增益滤波矩阵: $\quad K(k) = P(k/k-1)H^T[HP(k/k-1)H^T + R_k]^{-1}$ $\quad (7-16)$

一步预测方差阵: $\quad P(k/k-1) = \boldsymbol{\Phi}P(k-1)\boldsymbol{\Phi}^T + Q(k-1)$ $\quad (7-17)$

估计误差方差阵:

$$P(k) = [I - K(k)H]P(k/k-1)[I - K(k)H]^T + K(k)R(k)K(k)^T$$
$$(7-18)$$

7.3.2　基于卡尔曼滤波的运动滤波算法

从卡尔曼滤波的算法流程可以看出,它首先需要建立随机线性离散系统的模型。除此之外,需要对系统过程噪声 $W(k)$ 和观测噪声 $V(k)$ 的统计特性进行预估计。对于基于卡尔曼滤波的运动滤波算法而言,首先需要建立视频序列帧间的全局运动模型。卡尔曼滤波的过程就是视频序列运动轨迹的平滑处理过程,图像的抖动部分被认为是噪声加以去除,只保留图像的正常的扫描运动部分,从而达到平滑滤波的目的。

基于卡尔曼滤波的运动滤波算法的优点在于:不需要对视频序列进行帧的延迟,从而避免了稳像视觉效果上的延迟效应,并可以实现电子稳像的实时处理。除此之外,它将图像的抖动认定为噪声加以去除,更符合对实际情况的判断,而不是像基于时域滤波算法仅仅起到了减小抖动幅度的目的。

1. 原始视频序列运动轨迹解算

由4.3节可知,利用二次快速灰度投影算法(TFGPA)可以较精确地求出舰载视频序列相邻图像帧间水平和竖直方向的位移矢量。当前帧图像的帧位置就可以通过对位移矢量的不断累加获得。若将第1帧图像的初始帧位置设为0,Δz_k 表示第 k 帧图像($k \geqslant 2$)与前一帧在水平/垂直方向的偏移量(令 $\Delta z_1 = 0$),可推导出第 k 帧图像在水平/垂直方向帧位置 $\boldsymbol{Z}(k)$ 的表达式为

$$\boldsymbol{Z}(k) = \sum_{i=1}^{k} \Delta Z_i \qquad (7-19)$$

2. 视频序列帧间全局运动模型

视频序列的帧间全局运动是由摄像机的运动所决定的,也正是由于摄像机运动的不稳定才引起了图像的抖动。对于车载、机载等成像载体而言,匀速运动和匀加速运动是摄像机的主要运动形式。因此,我们将视频序列的帧间全局运动模型设定为匀速运动和匀加速运动来分别进行研究。视频序列的帧间全局运动也可以用随机线性离散系统的数学模型来加以描述:

$$\boldsymbol{X}(k) = \boldsymbol{\Phi}\boldsymbol{X}(k-1) + \boldsymbol{W}(k-1) \qquad (7-20)$$
$$\boldsymbol{Z}(k) = \boldsymbol{H}\boldsymbol{X}(k) + \boldsymbol{V}(k) \qquad (7-21)$$

式(7-20)和式(7-21)分别为帧间全局运动模型的状态方程和观测方程。其中,$\boldsymbol{X}(k)$ 为所要估计的帧间运动状态矢量;$\boldsymbol{Z}(k)$ 为实际所获得的第 k 帧图像的帧位置;$\boldsymbol{W}(k-1)$ 为 n 维系统噪声序列;$\boldsymbol{V}(k)$ 为 m 维观测噪声序列;$\boldsymbol{\Phi}$ 为 $n \times n$ 维状态转移矩阵;$\boldsymbol{H}$ 为 $m \times n$ 维观测矩阵。下面分别给出视频序列帧间全局运动的匀速运动和匀加速运动模型。

1) 匀速运动模型

若 $x_1(k)$ 和 $x_2(k)$ 分别代表第 k 帧图像在水平和竖直方向的帧位置,$v_1(k)$ 和 $v_2(k)$ 代表第 k 帧图像在水平和竖直方向的帧间运动速度,$[z_1(k) \quad z_2(k)]^T$ 代表第 k 帧图像在水平和竖直方向上的实际帧位置,则系统的状态方程为

$$\begin{bmatrix} x_1(k) \\ x_2(k) \\ v_1(k) \\ v_2(k) \end{bmatrix} = \begin{bmatrix} 1 & 0 & \Delta T & 0 \\ 0 & 1 & 0 & \Delta T \\ 0 & 0 & 1 & 0 \\ 0 & 0 & 0 & 1 \end{bmatrix} \begin{bmatrix} x_1(k-1) \\ x_2(k-1) \\ v_1(k-1) \\ v_2(k-1) \end{bmatrix} + \boldsymbol{W}(k) \qquad (7-22)$$

观测方程为

$$\begin{bmatrix} z_1(k) \\ z_2(k) \end{bmatrix} = \begin{bmatrix} 1 & 0 & 0 & 0 \\ 0 & 1 & 0 & 0 \end{bmatrix} \begin{bmatrix} x_1(k) \\ x_2(k) \\ v_1(k) \\ v_2(k) \end{bmatrix} + \boldsymbol{V}(k) \tag{7-23}$$

其中，$[x_1(k) \quad x_2(k) \quad v_1(k) \quad v_2(k)]^{\mathrm{T}}$ 为所要估计的帧间运动状态矢量 $\boldsymbol{X}(k)$；状

态转移矩阵 $\boldsymbol{\Phi}$ 为 $\begin{bmatrix} 1 & 0 & \Delta T & 0 \\ 0 & 1 & 0 & \Delta T \\ 0 & 0 & 1 & 0 \\ 0 & 0 & 0 & 1 \end{bmatrix}$；观测矩阵 $\boldsymbol{H}$ 为 $\begin{bmatrix} 1 & 0 & 0 & 0 \\ 0 & 1 & 0 & 0 \end{bmatrix}$；$\Delta T$ 为相邻两帧

的采样间隔；$\boldsymbol{W}(k)$ 和 $\boldsymbol{V}(k)$ 分别为大小 4×1 和 2×1 的随机噪声向量。

2）匀加速运动模型

若 $x_1(k)$ 和 $x_2(k)$ 分别代表第 k 帧图像在水平和竖直方向的帧位置，$a_1(k)$ 和 $a_2(k)$ 代表第 k 帧图像在水平和竖直方向的帧间运动加速度，$[z_1(k) \quad z_2(k)]^{\mathrm{T}}$ 为第 k 帧图像在水平和竖直方向上的实际帧位置，则系统的状态方程为

$$\begin{bmatrix} x_1(k) \\ x_2(k) \\ a_1(k) \\ a_2(k) \end{bmatrix} = \begin{bmatrix} 1 & 0 & \frac{1}{2}\Delta T^2 & 0 \\ 0 & 1 & 0 & \frac{1}{2}\Delta T^2 \\ 0 & 0 & 1 & 0 \\ 0 & 0 & 0 & 1 \end{bmatrix} \begin{bmatrix} x_1(k-1) \\ x_2(k-1) \\ a_1(k-1) \\ a_2(k-1) \end{bmatrix} + \boldsymbol{W}(k) \tag{7-24}$$

观测方程为

$$\begin{bmatrix} z_1(k) \\ z_2(k) \end{bmatrix} = \begin{bmatrix} 1 & 0 & 0 & 0 \\ 0 & 1 & 0 & 0 \end{bmatrix} \begin{bmatrix} x_1(k) \\ x_2(k) \\ a_1(k) \\ a_2(k) \end{bmatrix} + \boldsymbol{V}(k) \tag{7-25}$$

其中，$[x_1(k) \quad x_2(k) \quad a_1(k) \quad a_2(k)]^{\mathrm{T}}$ 为所要估计的帧间运动状态矢量 $\boldsymbol{X}(k)$；

状态转移矩阵 $\boldsymbol{\Phi}$ 为 $\begin{bmatrix} 1 & 0 & \frac{1}{2}\Delta T^2 & 0 \\ 0 & 1 & 0 & \frac{1}{2}\Delta T^2 \\ 0 & 0 & 1 & 0 \\ 0 & 0 & 0 & 1 \end{bmatrix}$；观测矩阵 $\boldsymbol{H}$ 为 $\begin{bmatrix} 1 & 0 & 0 & 0 \\ 0 & 1 & 0 & 0 \end{bmatrix}$；$\Delta T$ 为

相邻两帧的采样间隔; $W(k)$ 和 $V(k)$ 分别为大小 4×1 和 2×1 的随机噪声向量。

3. 卡尔曼滤波图像补偿量的计算

平滑后的运动轨迹与原运动轨迹 $z(k)$ 会产生偏差,此偏差量即为对图像的补偿量。以下给出补偿量的计算公式:

$$c_1(k) = \hat{x}_1(k) - z_1(k) \tag{7-26}$$

$$c_2(k) = \hat{x}_2(k) - z_2(k) \tag{7-27}$$

式中　$c_1(k)$、$c_2(k)$——第 k 帧图像在水平和竖直方向上的帧位置补偿量;

　　$\hat{x}_1(k)$、$\hat{x}_2(k)$——卡尔曼滤波后第 k 帧图像在水平和竖直方向上的帧位置;

　　$z_1(k)$、$z_2(k)$——第 k 帧图像在水平和竖直方向上的实际帧位置。

图像补偿量的计算流程如图 7-5 所示。

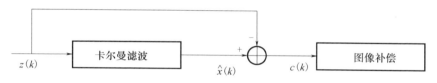

图 7-5　图像补偿量的计算流程

7.3.3　基于固定滞后平滑滤波的运动滤波算法

B 样条插值法需要对图像进行相关时间的延迟,算法的实时性不强。频域滤波法则需要首先对信号进行傅里叶变换,然后用低通滤波器在频域内进行处理,是一种基于后处理的方法。前两种算法无法实现滤波的实时处理。时域滤波法和基于卡尔曼滤波的运动滤波算法可以实现对视频序列运动轨迹的实时处理。然而,时域滤波法的平滑效果往往与延迟的帧数有关,为了使滤波后的运动轨迹更平滑,往往需要增加延迟帧的数量,因而降低了 EIS 算法的实时性。基于卡尔曼滤波的算法可以实现对 EIS 的实时处理,但可能会出现滤波效果不平滑、滤波发散等问题。为了提高卡尔曼滤波的精度,抑制滤波发散,本章节提出了一种基于固定滞后平滑滤波算法(FSFA)的运动滤波方法。

FSFA 的算法的流程如下:①利用 TFGPA 计算出帧间水平和竖直方向偏移量对原始视频序列运动轨迹进行解算;②根据不同的帧间全局运动模型,用 FS-FA 算法对运动轨迹进行平滑滤波,并计算出图像的补偿量;③对原图像序列进行补偿,获得稳定的图像序列。原始视频序列运动轨迹的解算以及帧间全局运动模型的建立方法与卡尔曼滤波相同。

1. 基本方程

为了便于描述,以下仅给出固定滞后平滑滤波算法中单步滞后平滑器(固定滞后值 $N=1$ 帧)的基本方程:

$$\hat{X}(k/k+1) = \hat{X}(k) + M(k/k+1)\varepsilon(k+1) \tag{7-28}$$

其中,单步平滑增益阵 $M(k/k+1)$ 为

$$M(k/k+1) = P(k)\boldsymbol{\Phi}^{\mathrm{T}}\boldsymbol{H}^{\mathrm{T}}[HP(k+1/k)H^{\mathrm{T}} + R(k+1)]^{-1} \tag{7-29}$$

式中 $\hat{X}(k/k+1)$ ——单步平滑器对第 k 帧的状态估计量,即为对第 k 帧平滑后的运动轨迹。

估计误差方差阵 $P(k)$、一步预测方差阵 $P(k+1/k)$、新息 $\varepsilon(k+1)$ 以及卡尔曼滤波状态估计量 $\hat{X}(k)$ 均可由卡尔曼滤波的基本方程获得(式(7-13)~式(7-18))。

2. 图像补偿量的计算

以下给出 FSFA 算法图像补偿量的计算公式:

$$c_1(k) = \hat{x}_1(k/k+N) - z_1(k) \tag{7-30}$$
$$c_2(k) = \hat{x}_2(k/k+N) - z_2(k) \tag{7-31}$$

式中 $c_1(k)$、$c_2(k)$ ——第 k 帧图像在水平和竖直方向上的帧位置补偿量;

$\hat{x}_1(k/k+N)$、$\hat{x}_2(k/k+N)$ ——经过 N 步平滑器滤波后第 k 帧图像在水平和竖直方向上的帧位置;

$z_1(k)$、$z_2(k)$ ——第 k 帧图像在水平和竖直方向上的实际帧位置。

图像补偿量的计算流程如图 7-6 所示。

图 7-6　图像补偿量的计算流程

3. 性能分析

为了评估 FSFA 算法的性能,将其与卡尔曼滤波算法进行比较。我们选取了四组抖动的视频序列,分别表示摄像机不同运动状态下所拍摄的视频。前三组视频序列由计算机通过算法生成,图像分辨率为 300×250。其中第一组为理想情况是静止的抖动视频序列;第二组和第三组分别为水平匀速运动和水平匀加速运动时的抖动视频序列,其速度和加速度均已知;第四组为在匀速行驶的汽车上实际拍摄的抖动视频序列,图像分辨率为 480×324。测试的主要目的是检测在相同的噪声特性条件下,比较以上两种算法对视频序列运动轨迹的滤波精度。

参数作出如下假设:W 和 V 均为高斯白噪声,服从分布 $W \sim (0, Q)$,$V \sim (0, R)$,帧间采样间隔 $\Delta T = 1/24s$。设定 $Q = 0.03$,$R = 1$。四组视频序列运动轨迹在 X 和 Y 方向滤波后的曲线分别如图 7-7 ~ 图 7-10 所示,其中横坐标为帧数,纵坐标为帧位置(单位:像素)。图中,虚线为视频序列的实际运动轨迹,点划线为理想运轨迹,"·"为卡尔曼滤波曲线,实线为固定滞后平滑滤波曲线。由图 7-7 ~ 图 7-10 可以看出,算法滤波后的曲线更为平滑;并且由图 7-9 可以看出,算法从一定程度上抑制了卡尔曼滤波的发散。

为了定量评估滤波算法的精度,引入均方根误差(RMSE)的概念来描述滤波后曲线与理想运动轨迹之间的偏离程度。

$$\text{RMSE} = \frac{1}{n} \sum_{k=1}^{n} \sqrt{(X_k - X_k^*)^2 + (Y_k - Y_k^*)^2}$$

式中　X_k、Y_k——滤波后第 k 帧图像在 X、Y 方向的帧位置;

　　　X_k^*、Y_k^*——第 k 帧图像在 X、Y 方向的理想帧位置,n 为帧数。

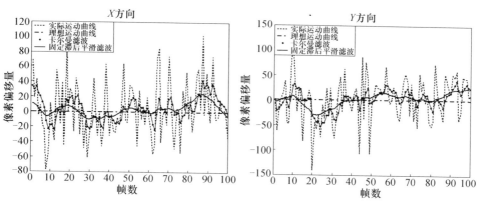

图 7-7　视频序列 1 滤波曲线比较

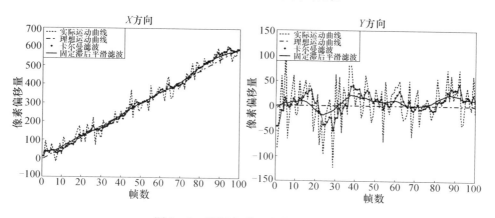

图 7-8　视频序列 2 滤波曲线比较

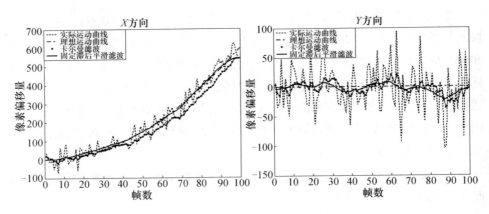

图 7 - 9　视频序列 3 滤波曲线比较

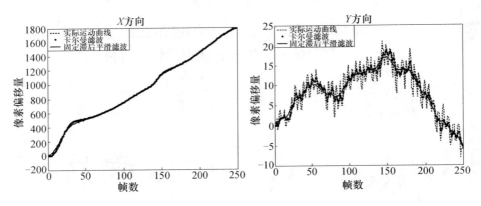

图 7 - 10　视频序列 4 滤波曲线比较

　　表 7 - 1 列出了前三组视频序列运动轨迹滤波曲线的 RMSE 值(第四组实拍视频序列其理想运动轨迹无法获得,因此无法计算其 RMSE 值)。由表 7 - 1 可知,算法滤波后曲线的 RMSE 值较小,说明其滤波曲线与理想曲线更接近,滤波精度更高。表 7 - 2 为四组视频序列滤波运算时间的比较。由表 7 - 2 可知,的滤波算法比卡尔曼滤波算法所需的运算时间要长一些(每 24 帧图像需要多计算约 4.8ms)。以上测试均是在 P42.4,Matlab6.5 下完成的。

表 7 - 1　卡尔曼滤波与固定滞后平滑滤波曲线 RMSE 值对比

方法	视频序列		
	序列 1 (300 × 250,100frames)	序列 2 (300 × 250,100frames)	序列 3 (300 × 250,100frames)
卡尔曼滤波[6]	22.97	23.40	30.87
固定滞后平滑滤波	13.62	14.76	10.35

表 7-2　卡尔曼滤波与固定滞后平滑滤波曲线 RMSE 值对比

方法	时间/ms			
	序列 1 (300×250, 100 frames)	序列 2 (300×250, 100 frames)	序列 3 (300×250, 100 frames)	序列 4 (480×324, 100 frames)
卡尔曼滤波	36.2	34.8	35.0	82.0
固定滞后 平滑滤波	53.3	53.8	55.2	131.4

4. 算法的特点

从实验结果分析,FSFA 具有以下特点:

(1)算法所需的延迟帧数较少(通常延迟 1 帧进行滤波就能取得较好的平滑效果),算法计算速度较快,实时性好。

(2)滤波的平滑效果明显优于卡尔曼滤波的结果。FSFA 较好地解决了卡尔曼滤波可能存在的滤波发散、滤波效果不平滑等问题,提高了卡尔曼滤波的精度。

7.4　舰基电子稳像方法设计

舰载视频序列以舰艇为成像平台,舰艇的振动、姿态的变化及相对目标的位移,都将对成像系统造成影响。如何选择简单、快速、有效的稳像算法,是构建实时电子稳像系统的关键。本章首先对舰载视频序列的特点进行了分析,然后在理论和实验分析的基础上,提出了适用于舰载视频序列稳定的电子稳像算法。

由于成像环境的特殊性,舰载视频序列有以下两个主要特点。

(1)舰艇内部监控系统的成像特点:成像载体的振动主要来源于主机的振动、武器系统发射所引起的振动、登陆舰中坦克行驶引起的振动等。这样的振动特性有时较为剧烈,并主要以高频振动为主。

(2)舰艇外部观测(海空观测)的成像的特点:作用距离远、焦距长,由于主机振动、海浪冲击等原因,成像载体也会产生高频的、小幅的振动,并且存在因舰船摇摆而引起的图像旋转,一般不存在图像的缩放问题。

7.4.1　舰载电子稳像算法的选取原则

运动估计和运动滤波是电子稳像算法的关键环节,算法的精度、实时性、鲁棒性将对电子稳像的效果产生直接的影响,必须对这些因素加以综合考虑。

1. 运动估计算法的性能分析

1）运动估计的有效性

由于成像载体及成像环境的差异,需要选择合适的运动估计算法进行计算。如果选择的算法过于简单,则将导致错误的运动估计结果;反之,如果选择的算法过于复杂,则势必增加计算量,影响稳像的实时性。

2）运动估计的精度

运动估计的精度即算法能够识别图像运动变化的最小值(即算法的分辨率),估计算法不同,分辨率就不同,如有的算法的分辨率为像素级(1 个像素),而有算法可达到亚像素级(1/2 个像素或更高)。

3）运动估计的范围

运动估计的范围是指两帧图像之间可估计的最大偏移量,它也是对运动估计算法进行评估的一个重要指标。运动估计的范围决定了系统可矫正图像的偏移范围,一般来说,对选取的运动估计算法,在保证其估计精度的前提下,其可估计的范围越大,则系统可矫正图像的偏移范围也越大。因此,在设计舰载电子稳像系统时,可事先预测舰载视频序列帧间的最大偏移量,来考虑运动矢量的可估计偏移范围,综合考虑各项指标,选取运动估计算法。

2. 运动滤波算法的性能分析

1）运动滤波的精度

理论上,经过运动滤波后图像帧间只保留了扫描运动分量。因此,运动滤波的精度就可以通过滤波后的运动轨迹与理想运动轨迹之间的偏离程度来刻画。运动滤波的精度越高,稳像的视觉效果也就越好。

2）滤波曲线的平滑性

运动滤波的另外一个重要的指标就是运动滤波后曲线的平滑性。在相同的滤波精度前提下,滤波曲线的结果越平滑,最终的视觉效果越好,这是符合人眼视觉观察特点的。甚至在某些情况下,可以牺牲运动滤波的精度来换取滤波结果的平滑性能。当然,也不应过分追求滤波结果的平滑性能,否则将会出现滤波发散等现象,最终导致系统性能的下降。

3. 算法的速度

帧处理率是电子稳像的一个重要指标,它关系到稳像系统的实时性。帧处理率主要是由运动估计的时间决定的,除此之外,运动滤波所需的帧延迟对稳像的视觉效果影响也十分明显。一般来说,在相同的实现条件下,不同的估计算法在速度上差异很大。在选取算法时,选取速度快的算法总是有利于系统的总体性能。但是单考虑这一指标不足以评估整个系统的性能,因为单纯地提高帧处理速度往往很容易牺牲系统的精度和稳定性。所以应当在满足系统实时性要求的前提条件下,选择有效的运动估计和运动滤波算法。

4. 算法的鲁棒性

电子稳像系统的稳定对象具有多样性的特点,针对不同的舰载视频序列,如何选择有效的、稳定性强的电子稳像算法尤为关键。算法的鲁棒性主要体现在针对不同的拍摄场景和载体运动特性,稳像算法都能取得良好的视觉稳定效果,应该尽量避免错误运动估计、运动滤波发散等情况的出现。

7.4.2　舰载电子稳像算法流程

通过对舰载视频序列特点及舰载电子稳像算法的选取原则的分析和仿真实验的测试,分别采用改进的快速灰度投影算法和平滑卡尔曼滤波作为舰载电子稳像的运动估计和运动滤波算法。舰载电子稳像算法流程如图 7 – 11 所示。

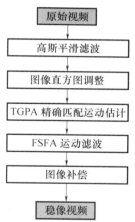

图 7 – 11　舰载电子稳像算法流程

1. 视频图像的预处理

实际的视频图像由于成像环境、光照等因素的影响,可能存在噪声以及图像对比度不强等问题,需要对原始的视频图像进行去噪和直方图调整,使其得到增强。特别对噪声敏感的运动估计算法而言,预处理效果的好坏将直接影响算法的准确性和精度。

1）视频图像去噪

视频图像去噪的目的就是去除或者减小图像中的噪声点,使其得到增强。

图像去噪总体上可以分为基于空间域的方法和基于频率域的方法。基于空域的图像去噪方法计算量较小,操作较为简单、易于实现。下面对基于空域方法中普遍采用的线性平滑滤波器进行介绍。

图7－12为两个3×3的线性平滑滤波器的模板,其输出(响应)是包含在滤波模板邻域的加权平均值。图7－12(a)为均值滤波器模板,图7－12(b)为高斯滤波器模板。

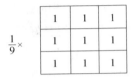

图7－12 平滑滤波器模板,大小3×3

以图7－12(a)为滤波器模板,则其滤波后像素的灰度值可以用式(7－32)表示:

$$R = \frac{1}{9}\sum_{i=1}^{9} z_i \tag{7－32}$$

式中 R——滤波后中心像素的灰度值;

z_i——模板中像素的灰度值。

均值滤波器用确定的邻域内像素的平均灰度值去代替图像的每个像素点值,这种处理在减小图像噪声的同时也减小了图像灰度的"尖锐"变化,使图像变得"模糊",而高斯滤波器则较好地保留了图像的细节部分。

图7－13为图像去噪处理的示意图。图7－13(a)为含有噪声的实际图像,图7－13(b)为经过3×3均值滤波器处理后的图像,图7－13(c)为3×3高斯滤波器处理后的图像。通过对比图7－13(b)、(c)可以看出,这两种线性平滑滤波器都具有一定的去噪作用,但是图7－13(b)的均值滤波图像有使图像变"模糊"的效果,而图7－13(c)的高斯滤波图像较好地保留了图像的边缘等细节部分。因此,我们选择高斯滤波作为舰载电子稳像视频图像的去噪方法。

2) 视频图像的直方图调整

视频图像由于成像时光照的影响,会引起整幅图像偏暗或者偏亮,形成低对比度图像,从而影响到运动估计的精度。低对比度图像的特点是图像的灰度集中在一个狭小的区域,而没有分布到整个图像区域。因此,可以通过图像的灰度扩展(即对图像的直方图进行调整)达到增强图像对比度的目的。如图7－14所示为视频图像直方图调整的示意图。其中图7－14(a)为原始图像,为低对比

(a)

(b)

(c)

图 7 – 13　视频图像去噪示意图

(a) 含噪图像；(b) 3×3 均值滤波图像；(c) 3×3 高斯滤波图像。

度图像,图 7 – 14(b)为(a)的直方图。可以看出,其灰度范围主要分布在 70 ~ 160。图 7 – 14(c)是经过直方图调整后的增强图像,图 7 – 14(d)为(c)的直方图,由图 7 – 14(d)可以看出,其灰度范围已经扩展到 30 ~ 160。

2. 基于 TFGPA 精确匹配算法的舰载电子稳像运动估计方法

4.2 节中对灰度投影算法的流程进行了介绍,构建了基于三点局域自适应搜索的快速灰度投影算法(FGPA),并对 FGPA 进行了改进,提出了基于 TFGPA 的运动估计算法,提高了 FGPA 的估计精度。选择 TFGPA 算法作为舰载电子稳像的运动估计方法的原因如下:

(1) TFGPA 算法速度快、精度较高、易于实现。

基于三点局域自适应搜索的 TFGPA 算法运算速度快、实时性强,易于实现对舰载视频序列电子稳像的实时处理。运动估计的精度可以达到 1 个像素。

(2) TFGPA 满足对舰载视频图像序列进行运动估计的条件。

通过对舰载视频图像序列特点分析可知,其抖动特性主要以二维高频抖动

189

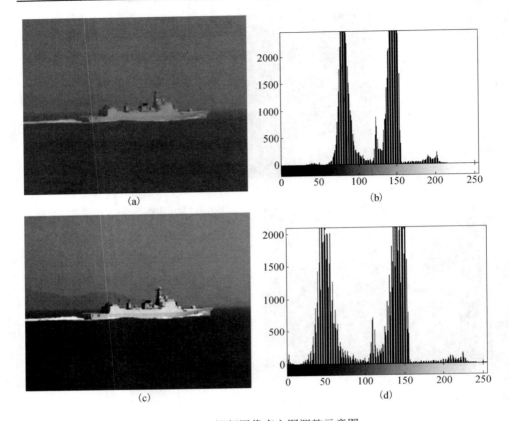

图 7－14　视频图像直方图调整示意图

（a）原始图像；（b）原始图像直方图；（c）增强图像；（d）增强图像直方图。

（水平和竖直方向的抖动）为主，有时伴有缓慢的旋转变化，一般不存在缩放问题。稳像测试表明，缓慢旋转的舰载视频序列对 TFGPA 运动估计准确性的影响并不大。因此，TFGPA 算法满足对舰载视频图像序列进行运动估计的条件。

TFGPA 算法通过对 FGPA 算法的改进，可以对图像中存在小物体运动的情况进行判别，进而求出准确的运动估计参数。

3. 基于 FSFA 算法的舰载电子稳像运动滤波方法

4.3 节提出了基于固定滞后平滑滤波（FSFA）的电子稳像运动滤波算法。选择 FSFA 算法作为舰载电子稳像的运动滤波方法的原因如下：

（1）FSFA 算法实时性好、滤波精度高。

由 7.3 节中的实验分析可知，FSFA 算法提高了卡尔曼滤波算法的精度。算法的实时性较好。所需的帧延迟较少（通常为延迟 1～2 帧图像），满足对观察的实时性要求。

（2）FSFA 算法滤波结果平滑性好。

从实验分析可以看出,FSFA 算法最突出的优点是其滤波效果十分平滑。因此补偿后图像帧间的变化是连续的,图像帧间不会出现跳变的情况,更加符合人眼视觉观察的特点。

（3）FSFA 算法满足对舰载视频图像序列运动滤波的条件。

舰载视频主要以静态场景的监控以及对海空观测为主,图像的帧间全局模型与舰艇上所安装的摄像机运动模型基本一致(通常情况下为静止或者匀速运动)。因此,通常可以选择匀速运动模型作为 FSFA 运动滤波算法的帧间全局运动模型。

4. 图像补偿

经过视频序列运动滤波后,原始图像序列运动轨迹和滤波后的运动轨迹之间的偏差量即为对图像的补偿量。当把每一帧图像按补偿矢量的反方向运动相应大小的像素距离后,就可以实现视频序列的稳定。

1）舰载视频序列的图像补偿

由于采用的运动滤波方法为固定滞后平滑算法——FSFA,所以视频序列的输入与输出之间存在帧延迟。若 FSFA 算法中所需的帧延迟数量为 N(通常为 1～2帧),则当前时刻输出的图像为当前输入图像的前第 N 帧图像补偿后输出的结果。由于电子稳像只能稳定图像传感器成像面内的图像,因此当摄像机晃动时被摄景物有一部分会由于旋转和平移补偿而在监视器上被舍去,这时监视器上的边缘部分会出现空白区域,我们称其为补偿区域,如图 7-15 所示。

图 7-15　补偿后的图像

2）舰载视频序列图像的显示

在图像补偿过程中,由于空白区域的出现,使得图像在监视器上显示的图像未充满屏幕,丢失了部分图像信息,同时也会影响人的视觉效果。为了改善显示效果,尽可能地保留图像上的有用信息,在实时电子稳像处理中通常采用对图像中心的有效区域进行插值放大的方法进行显示。

图像的有效区域是指图像中心的某一区域,其大小由与稳像系统最大可矫正的偏移范围有关。如图 7 - 16 所示,图像的分辨率大小为 600×480,若稳像系统在水平和竖直方向上的最大可矫正范围分别为 60 和 40 个像素单位,则图像的有效区域的大小就为 480×400(显示图像两边分别各截取 60 和 40 个像素区域)。图 7 - 17 为补偿图像经过插值放大显示的示意图。

图 7 - 16　图像有效区域示意图

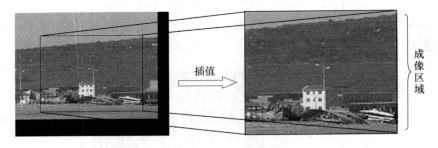

图 7 - 17　实时电子稳像图像补偿显示方法

7.4.3　电子稳像算法性能评估

对动态视频图像序列的评估是一项重要的研究课题。由于不同图像序列的图像特征及运动规律各不相同,再加上不同天气条件、传感器的工作方式等成像环境的差异,使得评估图像质量的好坏存在诸多随机因素,导致无法用同一标准来进行评估。目前评估稳像质量的方法主要通过系统保真度、最大稳定范围和帧处理率来进行评估[47-50]。

1. 系统保真度

经过稳像处理后,理论上补偿后的图像帧与对应理想图像帧的有效区域中的每一个像素差值都为零。但是由于存在噪声、运动估计误差、图像运动的模型建立不当等原因,均导致系统误差的产生。

系统保真度是评估图像序列稳定程度的一个重要性能指标,它能够准确地评估所采用算法的优劣。目前图像保真度的评估方法主要有两种,即主观评估方法和客观评估方法。主观评估方法就是由观察者对同一视频图像序列按视觉效果的好坏进行打分,并进行加权平均,该方法的特点是主观性较强。客观评估方法是用补偿后的图像帧序列与对应的理想图像帧序列的误差来衡量图像的稳定程度。最常用的方法是均方差(MSE)方法、峰值信噪比(PSNR)、差分图像法等。

1)主观评估方法

由于图像最终是给人看的,合理地评估图像的质量应充分遵循人眼的视觉特点,让观察者对同一视频图像序列,根据其视觉效果的好坏进行评判、打分,是对图像序列的帧间平稳性进行评定的重要依据,同时也是一种方便、实用的评估方法。但由于观察者受到心理、文化背景、周围环境及不同应用场合等因素的影响,人眼对同一图像序列中不同区域感兴趣程度往往也不同。因此,每个人对同一视频图像评估的差异往往较大,评估往往有较强的主观性。

2)客观评估方法

(1)均方差(MSE)方法。均方差(MSE)方法定义如下:

$$\text{MSE}(S_1, S_0) = \frac{1}{MN} \sum_{j=1}^{N} \sum_{i=1}^{M} (S_1(i,j) - S_0(i,j))^2 \qquad (7-33)$$

式中　$S_1(i,j)$ 和 $S_0(i,j)$ ——补偿图像和对应理想图像有效区域内 (i,j) 点处像素的灰度值;

$M \times N$——图像有效像素区域的大小。

$\text{MSE}(S_1, S_0)$ 值越小,说明两幅图像的重合度越高,稳像效果也就越好。当两幅图像完全重合时,应有 $\text{MSE}(S_1, S_0) = 0$。在实际计算中,MSE 值的大小与图像信息有关。

(2)峰值信噪比(PSNR)方法。峰值信噪比(PSNR)的评定标准,本质上与均方差(MSE)方法相同,它所反映的是补偿图像和对应的理想图像帧有效区域之间的峰值信噪比(PSNR)。PSNR 可作为评定图像质量的品质因子,定义如下:

$$\mathrm{PSNR}(S_1, S_0) = 10\lg \frac{255^2}{\mathrm{MSE}(S_1, S_0)} \qquad (7-34)$$

式中:MSE 为两帧图像间对应像素灰度的均方差,它反映了图像序列灰度变化的快慢和变化量的大小。PSNR 值作为评估稳像算法准确度的指标,用来衡量两幅图像重合的情况,PSNR 值越高,图像稳定效果越好,若两帧图像完全重合,则 PSNR 值为无穷大。

(3)差分图像法。图像差分就是图像的相减运算(也叫减影技术)。差分图像提供了一种检测图像帧间变化最简单的方法。对于评估稳像算法而言,可以将补偿图像与其对应的理想图像进行图像差分,差分图像的结果就能直观地表示稳像结果的好坏。如图 7 - 18 所示,图 7 - 18(a)为补偿图像,图 7 - 18(b)为与其对应的理想图像,图 7 - 18(c)为图像(a)、(b)的差分图像,图 7 - 18(d)为差分图像(c)二值化后的图像。从图 7 - 18(d)可以很容易地对稳像的结果地进行观察,可以看出,补偿图像与理想图像之间存在部分偏差。

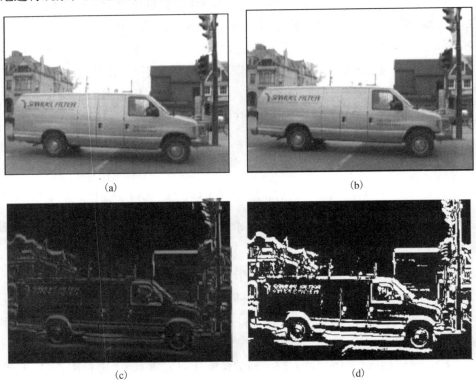

(a)   (b)

(c)   (d)

图 7 - 18　差分图像法检验稳像效果

(a) 补偿图像;(b) 理想图像;(c) 差分图像;(d) 二值化差分图像。

2. 稳像系统可矫正最大偏移范围

稳像系统所支持可矫正的最大偏移量是评估系统性能的一个重要指标,它主要是由运动估计的最大偏移量范围所决定,同时也受图像显示有效区域的制约。在一定的运动估计偏移量范围内,选取运动估计算法的最大偏移量越大则稳像系统可矫正的最大偏移量也就越大。在稳像系统设计时,需要综合考虑运动估计的最大偏移量和图像显示有效区域的大小,来确定稳像系统可矫正的最大偏移范围。

3. 稳像系统的帧处理率

帧处理率是[51]电子稳像的一个重要指标,它直接影响电子稳像系统的实时处理能力。通常情况下,帧处理率在 16/s 从上能保证视频输出的流畅。帧处理率越高,越有利于稳像系统的总体性能,但是单考虑这一指标不足以评估系统的整体性能,因为单纯地提高速度往往很容易牺牲系统的精度和稳定性。

7.5　舰载电子稳像的实验方法及分析

舰载电子稳像系统的实验方法,我们分别采取对人工和实拍视频序列进行稳像效果测试两种方法进行。人工视频序列的稳像测试,我们针对不同情况的舰载视频序列进行模拟,手工生成不同场景下的视频图像序列,由书中所提出的舰载电子稳像算法进行稳像处理,并通过主观和客观方法对实验结果进行评估。对实际视频序列的稳像测试,通过选取多组舰船实拍视频进行测试,并采用主观方法进行评估。

7.5.1　人工视频序列稳像测试

所谓人工视频序列是指通过人为地设定视频图像序列的运动轨迹和抖动特性手工生成一组运动轨迹已知的抖动视频。通常在实际操作时,是从一幅图像尺寸较大的图像中连续抠取一组小尺寸的图像序列而得到,其帧间的变换关系及运动特性都可以进行预先设定。人工视频序列的生成可以通过算法编程实现。下面分别选择不同场景下的抖动视频图像序列进行测试并对稳像效果进行分析。

1. 帧间存在水平和竖直方向抖动的稳像测试

视频序列 1:理想情况为静止的抖动视频序列测试

如图 7-19 为理想情况是静止的抖动视频序列书中算法处理结果。其中

图 7 - 19(a)为抖动视频序列的部分图像,图 7 - 19(b)为稳定后的图像。为了更加直观地对稳像效果进行观察,我们在图像中间加入了黑色十字线条来标定图像的中心位置。由图像序列图 7 - 19(a)可以看出,房屋围绕视野中心上下左右抖动,说明图像序列图 7 - 19(a)是抖动的。而由序列图 7 - 19(b)可以看出,稳像以后图像中房屋所处的位置基本保持不变,这与视频序列是静止情况下所拍摄的前提假设相一致,说明稳像取得了良好的效果。

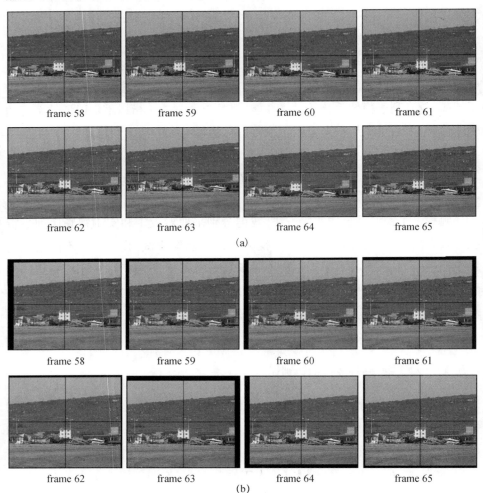

图 7 - 19 理想情况下静止的抖动视频序列算法处理结果

(a)抖动图像;(b)稳定后图像。

视频序列 2:理想情况下做水平匀速运动的抖动视频序列测试

如图 7 - 20 为理想情况是水平匀速运动的抖动视频序列算法处理结果。其中图 7 - 20(a)为抖动视频序列的部分图像,图 7 - 20(b)为稳定后的图像。由序列图 7 - 20(b)可以看出,稳像以后图像中房屋所处的垂直位置基本保持不变,而水平方向上匀速变化。这与视频序列是水平匀速运动情况下所拍摄的前提假设相一致,说明稳像取得了良好的效果。

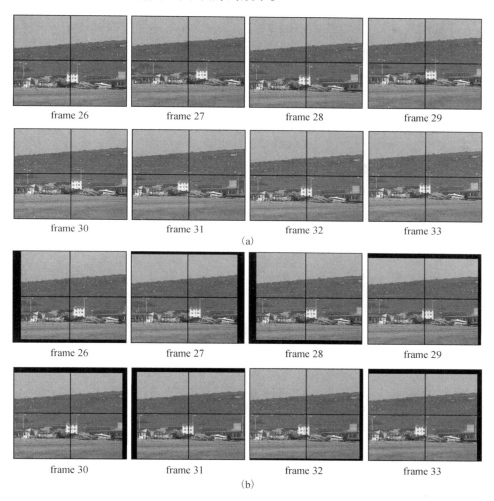

图 7 - 20　理想情况下作水平匀速运动时的抖动视频序列算法处理结果
（a）抖动图像；（b）稳定后图像。

视频序列 3:理想情况下做水平匀加速运动的抖动视频序列测试

如图 7 - 21 为理想情况下作水平匀速运动的抖动视频序列算法处理结果。其中图 7 - 21(a)为抖动视频序列的部分图像,图 7 - 21(b)为稳定后的图像。由图像序列图 7 - 21(b)可以看出,稳像以后图像中房屋所处的垂直位置基本保持不变,而水平方向上呈现匀加速变化。这与视频序列是水平匀加速运动情况下所拍摄的前提假设相一致,说明稳像取得了良好的效果。

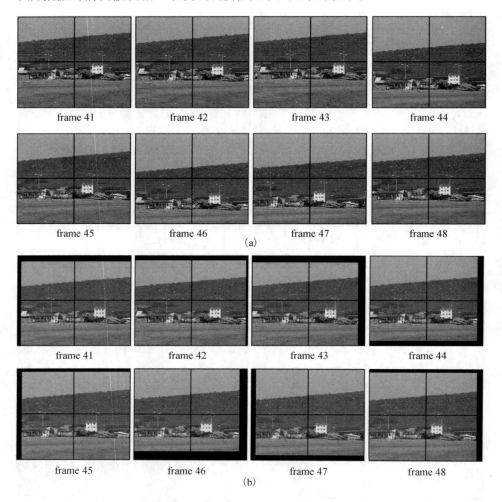

图 7-21 理想情况是水平匀加速运动时的抖动视频序列算法处理结果

(a) 抖动图像;(b) 稳定后图像。

2. 帧间存在水平和竖直方向抖动以及旋转变化时的稳像测试

视频序列 4:理想情况下围绕图像中心点旋转变化并存在水平和竖直方向的抖动

如图 7-22 所示为理想情况下图像序列帧间仅存在围绕中心点旋转变化的抖动(存在水平和竖直两个方向的抖动)视频序列算法处理结果,其中图 7-22 (a)为抖动视频序列的部分图像,图 7-22(b)为稳定后的图像。

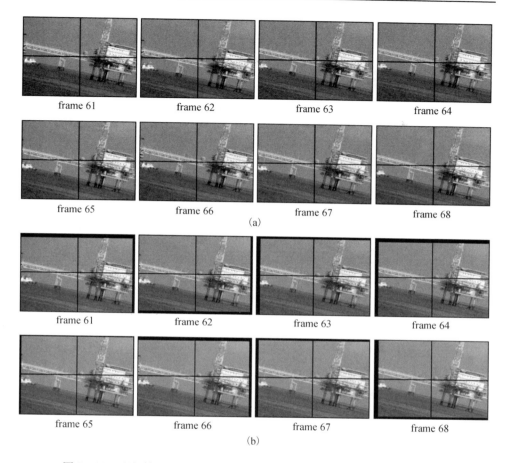

frame 61　　　　frame 62　　　　frame 63　　　　frame 64

frame 65　　　　frame 66　　　　frame 67　　　　frame 68

(a)

frame 61　　　　frame 62　　　　frame 63　　　　frame 64

frame 65　　　　frame 66　　　　frame 67　　　　frame 68

(b)

图 7 - 22　理想情况下围绕图像中心点旋转并存在水平和竖直方向的抖动
(a) 抖动图像;(b) 稳定后图像。

　　视频序列 4 所拍摄的为海上石油钻井平台的视频图像,主要为了模拟舰船在航行时的拍摄效果,图像帧间存在水平和竖直方向的二维抖动以及因舰船摇摆而引起的图像旋转。视频序列 4 在理想情况下只存在围绕图像中心点的旋转运动。由图像序列图 7 - 22(b)可以看出,稳像以后图像中心所对准的石油钻井平台基本保持不变。这与前提假设相一致,说明稳像取得了良好的效果。

7.5.2　实拍视频序列稳像测试

　　我们选取多组不同场景下拍摄的视频序列进行测试:包括室内、室外及图像中包含运动物体时等不同情况下拍摄的视频。

视频序列 5:室内拍摄抖动视频

如图 7 – 23 为一组室内拍摄的抖动视频序列,其中图 7 – 23(a)为抖动视频序列的部分图像,图 7 – 23(b)为稳定后的图像,图像共 400 帧,分辨率为 320 × 240。

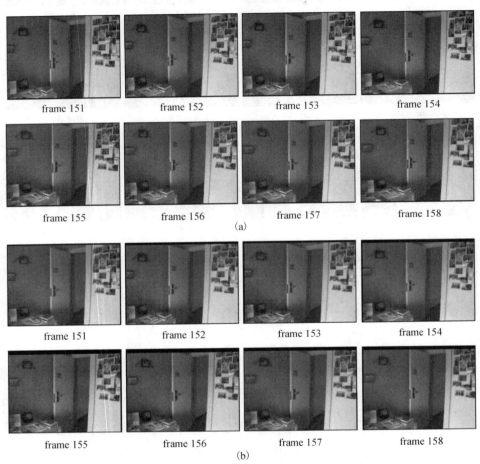

图 7 – 23　室内拍摄视频稳像效果测试

(a) 抖动图像;(b) 稳定后图像。

视频序列 6:室外拍摄抖动视频

如图 7 – 24 所示为一组室外拍摄的抖动视频序列,图像内包含运动物体。其中图 7 – 24(a)为抖动视频序列的部分图像,图 7 – 24(b)稳定后的图像,图像共 400 帧,分辨率为 320 × 240。

图 7 - 24　室外拍摄视频稳像效果测试

（a）抖动图像；（b）稳定后图像。

视频序列 7：海上拍摄抖动视频

如图 7 - 25 所示为一组海上实拍的抖动视频序列，其中图 7 - 25（a）为抖动视频序列的部分图像，图 7 - 25（b）为稳定后的图像，图像共 600 帧，分辨率为 800 × 600。从图 7 - 25（a）中的海岸线可以看出，图像存在上下抖动。

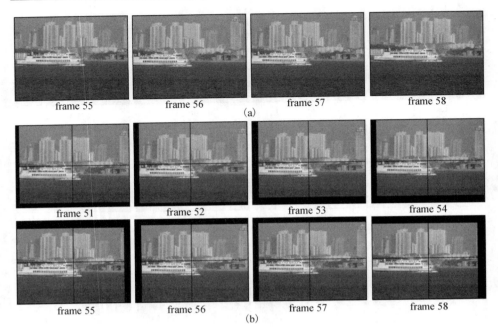

图 7-25　海上实拍摄视频稳像效果测试

（a）抖动图像；（b）稳定后图像。

7.5.3　算法性能评估

1. 稳像系统保真度分析

对于人工视频图像序列而言，其理想情况下（即只存在扫描运动）的图像帧信息是已知的，因此可以通过客观评估算法进行评估。我们采用式（7-1）的均方差（MSE）方法进行评估。表 7-3 给出了 4 组人工视频序列均方差的平均值统计。为了便于 MSE 值的计算，我们将每帧图像的 R、G、B 通道取平均值，将彩色图像转化为灰度图像后进行计算。

表 7-3　人工视频序列 MSE 值计算

视频序列	图像分辨率	有效区域大小	帧数	MSE
1	300×250	200×180	200	0.9×10^3
2	300×250	200×180	100	7.8×10^2
3	300×250	200×180	100	2.3×10^3
4	300×250	200×180	200	5.7×10^2

表 7-4 给出了 7 组视频序列的稳像效果的主观评估结果。我们采用"差""一般""满意""很好"来对稳像效果进行定性评估，并综合多人评估意见给出

最后结果。从主观评估结果来看,人工视频序列取得了很好的稳像效果,而实拍视频的稳像效果也令人满意。

表 7 - 4　视频序列主观评评估结果

视频序列	图像分辨率	帧数	评估者人数	评估结果
1	300 × 250	200	5	很好
2	300 × 250	100	5	很好
3	300 × 250	100	5	很好
4	280 × 200	200	5	很好
5	320 × 240	400	5	满意
6	320 × 240	400	5	满意
7	800 × 600	600	5	满意

2. 舰载电子稳像系统可矫正最大偏移范围

舰载电子稳像系统可矫正的最大偏移范围本质上由舰载视频序列的抖动特性所决定,当视频抖动幅度增大时,图像的补偿量也会随之加大。由于当图像补偿量增大时,将导致图像的有效区域缩小,图像终端显示的信息也将减少,因此就需要对图像的补偿量进行限制。例如,对于海上实拍视频序列 7 而言,我们设定稳像系统在水平和竖直方向的最大矫正量分别为 60 和 40 个像素。

3. 算法的实时性分析

为了对算法的实时性进行评估,将算法在 VC 环境下进行帧率测试(Windows 平台,VC + +6.0,CPU P4 2.4GB,内存 512MB)。表 7 - 5 列出了 7 组视频序列的帧处理率。从实验结果看出,视频序列 1 至视频序列 6 的帧处理率都在 21 帧/s 以上。由于视频序列 7 的图像分辨率较高,运动估计耗时增加,帧处理率为 17 - 1 帧/s,基本满足稳像实时性的要求。

表 7 - 5　7 组视频序列帧处理率

视频序列	图像分辨率	帧数	耗时/ms	帧率/(frame/s)
1	300 × 250	200	909	27 - 0
2	300 × 250	100	477	27 - 0
3	300 × 250	100	470	27 - 3
4	280 × 200	200	799	27 - 0
5	320 × 240	400	1779	27 - 5
6	320 × 240	400	1680	27 - 8
7	800 × 600	600	3727	17 - 1

7.6 本章小结

本章在分析了舰载光电传感器成像特点的基础上，通过理论构建和实验分析，深入地研究了电子稳像的运动估计算法和运动滤波算法，并提出了适用于舰载视频序列的电子稳像技术，同时进行了舰载电子稳像系统方案的分析和设计，最后通过保真度、可矫正最大偏移范围和帧处理率等性能指标对稳像算法进行了有效评估。

参 考 文 献

[1] 赵红颖,金宏. 电子稳像技术概述[J]. 光学精密仪器,2001,8(9):354－359.

[2] 韩绍坤,赵跃进,刘明奇. 电子稳像技术及其发展[J]. 光学技术,2001,27(1):71－73.

[3] Holder D W, Philips W R. Electronic Image Stabilization, U. S Patent No. 4, January 20, 1987.

[4] Oshima M, et al. VHS camcorder with electronic image stabilizer, IEEE Trans Consumer Electronics, vol. 35, No. 4, November 1989.

[5] Fillpo V, Alfio C, Massimo M, et al. Digital Image Stabilization by Adaptive Block Motion Vectors Filtering [J]. IEEE Trans. Consumer Electronic, 2002, 48(3):796－801.

[6] Ko S J, Lee S W, Jeon S W, et al. Fast Digital Image Stabilizer Based on Gray－coded Bit－plane Matching [J]. IEEE Trans. Consumer Electronic, 1999, 45(3):597－603.

[7] Joon K P, Yong C P, Dong W K. An Adaptive Motion Decision System for Digital Image Stabilizer Based on Edge Pattern Matching[J]. IEEE Trans. Consumer Electronic, 1992, 38(3):607－616.

[8] 郑南宁. 计算机视觉与模式识别[M]. 北京:国防工业出版社,1998.

[9] 勒中鑫. 数字图像信息处理[M]. 北京:国防工业出版社. 2003. 1.

[10] Liu B, Zaccarin. A New fast algorithms for the estimation of block motion vectors. IEEE Trans. circ. and syst. Video Tech. Vol. 3, 1993(2).

[11] Paolo L Sala. An Image Stabilization System. ECE 1772－Term Project－Spring 2003.

[12] Sarp Erturk. Real－Time Digital Image Stabilization using Kalman Filters, Real Time Imaging, 2002.

[13] Andrew Litvin, Janusz Konard, William C Karl. Probabilistic video stabilization using Kalman filtering and mosaicking. Image and Video Communication and Processing 2003.

内 容 简 介

本书是著者在舰基图像技术领域多年科研积累基础之上完成的,是对该技术前期开创性研究成果的系统梳理和总结。本书从海上舰基图像处理技术这一应用领域出发,围绕舰船光电成像系统图像处理技术原理以及技术应用两个方面,进行深入研究。主要内容包括舰基图像特征单位构造原理以及匹配方法、基于复杂背景的海天线检测方法以及基于灰度投影、频域降维和特征光流等技术的多参量运动估计方法,在此基础上,进一步研究了雾天舰基图像基本特征及海雾消除技术、舰船要素解算以及位置要素测定技术和舰基图像的电子稳像技术等。

本书适于高等院校有关专业的师生、科研院所和相应业务部门有一定专业基础的技术人员适用。

This book is accomplished based on the authors' scientific research accumulation of more than ten years. The image processing technology principle and application about shipboard opto – electric imaging system is introduced. The main contents include 6 affects: (1) image feature unit structure and matching principle, (2) sea – sky – line extracting in complex background, (3) multi parametric motion estimation, (4) sea fog image dehazing theories and techniques, (5) ship motion and position parameters calculation, (6) electronic image stabilization for ship – image.

This book is systematic summarizes and Carding of early research, and is suitable for teachers, students and engineers with certain professional knowledge in universities, institutes and other departments.